La prima scintilla

La storia di *Breve storia di un raggio di sole* non è stata di certo breve, anzi... Il tutto è iniziato con un'idea, la prima scintilla su cui costruire il libro.

Pensavo di riprendere il concetto del "cerchio della vita" elaborato dall'ecologo americano Barry Commoner nel suo libro *Il cerchio da chiudere* e ripercorrerlo in chiave narrativa, solo che... non sapevo proprio che parte iniziare a raccontare.

Per la prima volta nella mia vita ho scoperto il famoso "blocco dello scrittore", che mi faceva passare lunghe ore davanti al computer ma lasciava le pagine inesorabilmente bianche.

Qualcosa dovevo fare, le acque si dovevano smuovere. Quindi, dopo vari ma inutili tentativi, ho deciso di passare all'azione e di seguire alla lettera il consiglio di Jack London: l'ispirazione non puoi stare lì ad aspettarla, devi andare a cercarla.

Ed è per questo che, una mattina di fine agosto, ho inforcato la mia bicicletta e mi sono diretto verso l'Appennino tosco-emiliano, sperando di incontrare non dico tutto il libro, ma almeno l'inizio.

L'Appennino mi ha offerto panorami mozzafiato, colori splendidi, luce accecante, ma manco un'idea.

La svolta è arrivata qualche giorno di viaggio più tardi, e precisamente una mattina in cui, dopo aver parcheggiato la bicicletta nei pressi del lago Santo Modenese, mi sono incamminato sul sentiero che porta in cima al monte Giovo.

Dopo una breve seppur intensa passeggiata è comparso, di fronte a me un dosso una collinetta senza arte né parte con l'unico pregio di trovarsi in cima al monte. Nel frattempo una brezza generosa aveva spazzato il cielo, colorandolo di un blu intenso. Mi sono fermato un attimo e mi sono chiesto: cosa ci sarà dall'altro lato? Un insignificante promontorio oppure una vista meravigliosa?

Ho ripreso il cammino, ho raggiunto la vetta del rilievo e la risposta alla mia domanda è arrivata con un tuffo al cuore: verso sud si poteva ammirare gran parte della Toscana, con il mar Tirreno costellato di isole. A nord la Pianura Padana completamente sgombra, interrotta soltanto dall'imponente catena delle Alpi, mentre verso est i bagliori dell'Adriatico risplendevano davanti ai miei occhi increduli.

Ma ad aprirsi non è stato solo il panorama esterno: il mio cuore, dentro, si è riempito di meraviglia, amore per la natura e profondo senso di gioia. Ecco quello che dovevo scrivere! Non una strana storia, non un "manuale d'istruzioni per la natura" e neanche un libro di auto-aiuto in cui gli organismi viventi fanno da esempio per vivere meglio. Quello che dovevo fare era essere sincero, seguire questo filo di meraviglia e riempirlo di parole.

Sono sceso dai monti, ho acceso il computer, ho iniziato finalmente a scrivere.

Ma ecco, subito, giungere nuovi dubbi. Inaspettatamente, come pervaso da una vita propria, il libro aveva deciso di raccontare una natura molto concreta, piena di problemi, diversissima da quella che mi era apparsa in cima al monte, eterea e idealizzata. Del resto, gli scrittori lo sanno bene: quando si scrive, si scrive di sé stessi. I problemi della natura erano, in realtà, i miei problemi. Problemi che, man mano che andavo avanti a scrivere, assumevano la forma del grande albero Matusalemme, scalpitavano come affamati topi dalle zampe bianche e si coloravano come i fiori della *Victoria amazonica*. Parole diverse per sentimenti davvero reali, come l'ansia e la paura! Nonostante tutto sono andato avanti a srotolare il filo del cerchio della vita, pagina dopo pagina.

Il raggio di sole, protagonista di questo libro, ha sicuramente illuminato i miei problemi, ma ha anche mostrato un aspetto nuovo, mai notato prima: le difficoltà non sono, come pensavo, solo dei parassiti che non ci permettono di spiegare le ali, ma anche una fonte di creatività, un modo per spingerci a cercare soluzioni diverse.

In questi quarantotto anni passati a vivere senza il libretto di istruzioni, le difficoltà sono ciò che mi ha davvero aiutato a barcamenarmi. Sono loro che mi hanno forgiato, sono loro che hanno costruito la mia storia personale e sono loro che mi hanno detto che raccontare se stessi è importante, anche se al posto di un diario scrivi un libro intitolato *Breve storia di un raggio di sole*.

Ecco perché in queste pagine non troverete risposte su come funziona il mondo. Qui non c'è traccia (almeno spero!) di leggi morali, né tantomeno di regole comportamentali. Queste cose io non le conosco. Quello che so è che la mia storia, esattamente come la vostra e come quella di tutti gli organismi viventi, è ricca di creatività, di profondità e brilla di mille sfaccettature.

Adesso il libro è finito ed è nelle vostre mani. Spero che il viaggio lungo il cerchio della vita vi strappi un sorriso e mi auguro che sia di ispirazione per osservare la natura con uno sguardo sempre nuovo, lo stesso che pervade i raggi del sole i quali, ogni 502 secondi, illuminano la Terra e i suoi abitanti.

I

L'inizio del nostro viaggio

All'interno della Bolla Locale, nel bel mezzo della Cintura di Gould, sul bordo più interno del Braccio di Orione. Qui inizia la nostra storia.

È una vicenda piuttosto originale e lo è per vari motivi: prima di tutto, il nostro protagonista non possiede una dimensione, non ha una forma e nemmeno una massa. Non ha neanche un padre e una madre, visto che è stato generato da un'esplosione. Il calore che si sprigiona per dargli vita è talmente elevato che deborda dalla sua stella e viene proiettato nello spazio siderale alla velocità massima consentita in questo universo. La maggior parte dei suoi simili si perde nello spazio infinito: alcuni vengono assorbiti da qualche asteroide o pianeta, mentre altri continuano a vagare senza meta, in un viaggio eterno privo di senso.

La sua vicenda, fortunatamente, è diversa: dopo aver percorso 149 milioni di chilometri, riesce a rallentare drasticamente la sua velocità e viene accolto da creature e organismi che sono in grado di trasformarlo e di donargli un sapore dolcissimo – quello dello zucchero.

Da qui in poi, la sua strada non è più lineare, ma assume un andamento circolare e si ramifica in trame talmente complesse da risultare difficili da seguire e capire. Nascosto in questa forma, riesce a far volare le aquile nel cielo, permette ai pesci di sondare le profondità del mare, riesce ad animare una massa brulicante di vita che comprende anche l'andirivieni ansioso di tutti noi: gli esseri umani.

Il nostro protagonista è un raggio di sole, ed è partito per raggiungere la Terra 502 secondi fa.

Prima di accompagnarlo nel suo viaggio terrestre, vale la pena di spendere qualche parola sul luogo nel quale la sua trasformazione è possibile: il pianeta Terra. Rispetto al Sole, esso si trova in terza posizione dopo Mercurio e Venere, ed è avvolto da una membrana sottilissima composta da una miscela di gas. Sono queste le condizioni che permettono alla maggior parte dell'acqua, abbondante sul pianeta, di mantenersi allo stato liquido. Ed è proprio qui, nella massa liquida ricca di sali minerali, che tre miliardi di anni fa si è accesa la prima scintilla dell'avventura che andrò a narrarvi.

All'epoca l'atmosfera era decisamente diversa da quella attuale, perfino il colore del cielo non era azzurro come siamo abituati a vederlo, ma assomigliava a una cappa rossa e lugubre, sotto la quale le trame degli organismi iniziavano a srotolarsi: cellule primigenie trasformate in batteri, che si predavano vicendevolmente in mancanza di altre risorse.

A rompere questa noia sempre uguale a se stessa, a smuovere le acque e spaiare le carte in tavola, ci pensò proprio un raggio di sole – non il nostro, ma un suo antenato. Un raggio arcaico, la cui onda elettromagnetica viene catturata, all'improvviso, da un batterio, unico tra milioni, che per la prima volta riesce a convertire la sua energia in zucchero e a nutrirsene.

Questo batterio – che gli umani hanno chiamato "cianobatterio" – non ha bisogno di cacciare i suoi simili, perché è capace di crescere e proliferare solo grazie all'aria e alla luce. E così il circolo vizioso di predazioni tra batteri si spezza di colpo, liberando talmente tanta energia da rivoluzionare per sempre la vita sulla Terra. Le forme animate diventano via via sempre più complesse e si intrecciano indissolubilmente le une alle altre. L'aquila che sfida i cieli, lo squalo che scende nelle profondità abissali, l'andirivieni inquieto degli umani nel mondo sono la parte visibile di un iceberg profondo milioni di anni, la cui punta si trova proprio qui, oggi, 502 secondi fa, quando il nostro raggio si è staccato dal Sole per illuminare la Terra.

Quello che vede è un incessante brulichio di vita, che coinvolge ben 8,5 milioni di specie viventi. Alcune sono composte da pochissimi elementi (come, per esempio, l'insetto stecco dell'isola di Lord Howe, che vive su un piccolo scoglio nel mar di Tasman e conta una popolazione complessiva di 30 esemplari); altre invece sono talmente numerose da sfuggire a ogni stima numerica. È il caso delle formiche, che vivono dappertutto e sono tantissime: basta guardare un tronco d'albero per cogliere il loro andirivieni perso in qualche oscura attività. Oppure la gramigna, che ricopre i prati di tutto il mondo. Chi saprebbe dire quanti sono i fili d'erba che compone? E poi ci sono le api, i coleotteri e gli steli del grano, e altre (tantissime!) specie composte da miliardi di miliardi di individui. Da quel piccolo cianobatterio, la vita è esplosa fino a invadere letteralmente la Terra, trovando riparo al di sotto di una pellicola chiamata "biosfera".

È questo il luogo dove si consuma l'avventura terrestre del nostro raggio di sole, perché è proprio qui che viene accolto per incominciare il lungo viaggio che lo aspetta.

A prima vista, tutto gli appare caotico e confuso; la massa enorme di organismi è pervasa da una sorta di febbre famelica che la porta a dimenarsi per l'intero pianeta. Guardando meglio, però, dalla superficiale confusione si inizia a scorgere un ordine e le trame caotiche si interconnettono, dando vita a un disegno complesso e affascinante.

Questo disegno è quello che comunemente chiamiamo il "cerchio della vita". Nella nostra traversata lo percorreremo insieme al raggio di sole, e impareremo a osservare le cose da una prospettiva nuova e speciale.

Attenzione però, i fasci luminosi che colpiscono il pianeta sono miliardi di miliardi e ognuno illumina solo una piccola parte del cerchio della vita.

Il raggio di questo libro, tra le molteplici storie che corrono veloci sotto la biosfera, ne ha colpita solo una e ha iniziato a srotolarla per raccontarcela.

E, chissà perché, il filo narrativo non prevede il coinvolgimento dei grandi erbivori e neanche, se non marginalmente, degli animali domestici.

Il frammento di storia della vita rischiarata da questo specifico raggio di sole è minuscolo, apparentemente insignificante ma solo se lo si guarda da una prospettiva unicamente umana.

Ogni organismo vive in un suo ambiente distinto ed è abituato a osservare solo il frammento di natura che gli gira intorno, e che da una parte gli serve e dall'altra ha gli strumenti per codificare.

I raggi del sole sono invece democratici e illuminano tutto il grande popolo degli esseri viventi e questo particolare fascio è partito, 502 secondi fa, per raggiungere un mondo microscopico, che però può aiutarci ad allargare la nostra visione della vita.

2

Tra cielo e terra

Il primo anello del cerchio della vita è abitato da creature verdi, immobili e capaci di far girare come una trottola tutti gli altri: le piante.

Sono loro che afferrano i raggi di sole e li usano come nutrimento. In effetti, sono gli unici organismi che riescono a cibarsi interamente di aria (il piccolo cianobatterio di cui parlavamo nel capitolo 1 non è altro che il loro più illustre antenato) anche se la loro vita è profondamente legata al terreno, in cui affondano le radici. Sono creature speciali, sospese tra cielo e terra come dei messaggeri. Messaggeri di luce.

Una mano lava l'altra

Tra gli scogli dei mari poco profondi e limpidi di tutto il mondo, si aggira una piccola lumaca. A prima vista, sembra un gasteropode simile a tutti gli altri: ha un corpo molliccio, allungato e carnoso, formato da una struttura chiamata "piede" e con degli occhi posti all'estremità di due tentacoli. Questi tentacoli, come in tutte le lumache, sono invaginabili, cioè si possono ritrarre. Anche la sua alimentazione non ha nulla di strano: la Elysia – questo il suo nome – passa la prima parte della sua esistenza a brucare alghe. Il suo colore è, ovviamente, poco originale, un bruno grigiastro identico a quello di qualsiasi lumaca sparsa per il pianeta. Insomma, a prima vista questa Elysia non sembra molto interessante. Eppure, in realtà, è una creatura unica nel suo genere. Come certe persone, che sfoderano il loro fascino soltanto quando le conosci da un po', la Elysia mostra la sua originalità gradatamente, pasto dopo pasto, quando il colore della sua livrea da bruno si fa sempre più chiaro, fino ad assumere un color verde brillante. E, come spesso accade, con il cambio di look cambia radicalmente anche il suo comportamento: da lumaca bramosa di alghe, la Elysia diventa una nullafacente. Si apposta su uno scoglio leggermente sommerso dalle acque e interrompe, di punto in bianco, qualsiasi movimento. Il suo corpo, nella totale immobilità, inizia a poco a poco a riempirsi di zucchero e a crescere, diventando sempre più grande.

Da dove proviene questo zucchero?

Dall'aria e dalla luce, ecco la risposta. Il processo capace di rendere un raggio di sole un elemento tangibile (e nutriente!) prende il nome di "fotosintesi clorofilliana", e la lumaca Elysia è l'unico caso al mondo di animale fotosintetico, in grado di utilizzare la luce per ottenere zuccheri dolcissimi. Approfondendo la questione, si può notare che la nostra lumachina applica una sorta di digestione selettiva: nella prima fase della sua vita, quando si ciba ancora di alghe, riesce a conservare all'interno delle cellule un piccolo organello che si trova in tutti i vegetali, chiamato "cloroplasto". Il cloroplasto, sede della fotosintesi clorofilliana, inizia a svolgere la propria funzione nel corpo dell'animale. Ecco perché la Elysia diventa verde, ed ecco perché rimane ferma. Essa capta i raggi del sole e li trasforma in cibo, proprio come una piantina.

Se la fotosintesi è rarissima nel mondo animale, essa rappresenta la norma in quello vegetale: tutte le piante sono capaci di usare la luce per la propria alimentazione (anche se il cerchio della vita è così ampio che esiste qualche sporadica eccezione). Il suo aspetto rivoluzionario è duplice: consente di trasformare degli elementi inorganici in organici, e nel farlo libera un gas, l'ossigeno, che permette la combustione.

Ossigeno vuol dire vita, vuol dire possibilità. Grazie alla fotosintesi, gli esseri viventi hanno ottenuto due grandi vantaggi: l'aumento repentino della sostanza organica (più cibo per tutti) e la possibilità di accedere a un metabolismo decisamente più efficace. Sappiamo infatti che a un certo punto, nella storia dell'evoluzione, è avvenuto un fenomeno molto simile a quello che succede attualmente con la Elysia. Al posto della lumaca c'erano delle forme unicellulari (delle specie di amebe) e al posto dell'alga gli antenati delle piante: i cianobatteri. Anziché digerirli, le amebe li hanno inglobati all'interno del proprio organismo, unendosi a loro in una nuova forma di vita – questa unione prende il nome scientifico di "endosimbiosi". Perché lo fanno? È molto semplice: procacciarsi il cibo è un'operazione abbastanza faticosa, oltre che piena di rischi. Spesso dalla predazione si torna a mani vuote, e restare a digiuno dopo tanto sforzo non è certo piacevole. Il sole, invece, è una fonte di sostentamento gratuita e sempre disponibile: per attingerne, non bisogna far altro che stare fermi e lasciare che la fotosintesi faccia il suo corso. Comodo, no? E c'è un altro vantaggio reciproco da considerare: da una parte il cianobatterio si prodiga nel trasformare in cibo la luce e l'aria, dall'altra l'ameba lo protegge dal pericolo dei predatori. Una mano lava l'altra.

Insieme, i due organismi hanno saputo creare colonie di nuove cellule specializzate. Innovazione chiama innovazione, complessità porta a una maggiore complessità. Le singole cellule si sono aggregate, hanno formato dei tessuti e, seguendo tempi molto dilatati (dobbiamo ricordarci che l'orologio della vita non conta le ore, i giorni e gli anni: le sue lancette si spostano solo dopo secoli, millenni e milioni di anni), si sono trasformati nei vegetali che attualmente coprono di verde il nostro mondo. Il luogo in cui, dopo 502 secondi di viaggio, il nostro raggio di sole si ferma per raccontare le mille storie della vita.

Il mistero delle piante

L'endosimbiosi ha tracciato un gigantesco solco tra gli organismi viventi: da una parte ha messo i vegetali e dall'altra gli animali. Dai progenitori dell'ameba unita al cianobatterio si sono sviluppate le piante, mentre dai batteri e dalle altre forme unicellulari si sono evoluti gli animali.

Quello delle piante è stato un successo clamoroso: sono stati loro i primi organismi a colonizzare le terre emerse e sono loro che ricoprono il pianeta Terra, con il 99% della biomassa.

Tutto questo grazie alla prima scintilla di vita, quel processo capace di trasformare la luce in glucosio segnando la prima lettera dell'alfabeto della natura: la fotosintesi clorofilliana.

Il meccanismo è piuttosto complesso e di difficile comprensione, tanto che noi esseri umani abbiamo sudato sette camicie solo per scoprirne l'esistenza! Supporre che la maggioranza degli esseri viventi si nutra di aria e di luce è, infatti, decisamente controintuitivo e lontano dalle nostre abitudini e dal nostro modo di pensare. Ma, come abbiamo già detto, la realtà è molto complessa e difficile da comprendere, e alle volte l'uomo è costretto a osservarla da una prospettiva un po' limitata, non riuscendo a guardare più in là del proprio naso.

Gli uomini dell'antichità erano convinti che le piante si nutrissero di un elemento non proprio digeribile, ma molto più facile da individuare: il terreno.

L'alchimista e chimico belga Jan Baptiste van Helmont non ne era convinto; egli infatti aveva notato che, anche quando le piante crescevano in modo evidente, il livello del terreno non si abbassava. Come facevano a nutrirsene senza consumarlo? Segretamente, van Helmont decise di fare una cosa davvero rivoluzionaria per l'epoca: un esperimento! Era l'inizio del Seicento, un secolo difficile per gli scienziati, che dovevano sempre fare i conti con la rigidità della Chiesa. Eppure, la voglia di scoprire il segreto che spingeva i vegetali a crescere era tanta. Egli prese del terreno e lo pesò; poi fece la stessa cosa con una neonata pianta di salice piangente. Trapiantò quindi il giovane germoglio, che curò per cinque anni, annaffiandolo quando necessario ed evitando il freddo intenso in inverno. Il resto lo fece il tempo, che permise al salice di crescere e di trasformarsi in un albero di medie dimensioni.

Allo scadere dei cinque anni, van Helmont ripesò sia il terreno sia la pianta e scoprì un fatto sorprendente: il terreno era diminuito di soli 57 grammi, mentre la pianta era aumentata di ben 75 chili. Era evidente, a questo punto, che il vegetale non si era nutrito di suolo. Di cosa, allora? Pensare all'aria e alla luce era troppo astruso, anche per un uomo di mentalità aperta come van Helmont il quale, infatti, concluse che le piante sapessero trasformare l'acqua in nutrimento servendosi di processi alchemici oscuri. Per paura di ripercussioni da parte della Chiesa, nascose la sua scoperta: teologi e religiosi accettavano la conversione dell'acqua in vino a opera di un essere umano, ma non avrebbero mai tollerato la trasformazione dell'acqua in cibo da parte delle piante.

Ma la luce della verità non si può fermare – eventualmente trova qualche ostacolo e rallenta, ma sempre riesce a trovare una breccia e farsi strada. A quasi cento anni dall'esperimento di van Helmont, in Inghilterra, la luce delle idee nuove riprese a brillare in un luogo insospettabile: una birreria. Ad accendere lo stoppino della scoperta fu lo scienziato e chimico Joseph Priestley.

In realtà, Priestley non era particolarmente interessato alle piante. La sua vera passione erano gli odori, non sempre gradevoli, che si formavano durante la fermentazione dell'orzo nella birreria accanto a casa. Per studiare questi olezzi, che lo scienziato chiamava elegantemente "arie", egli inventò degli speciali macchinari capaci di intrappolare i gas all'interno di una campana di vetro.

Per prima cosa lo scienziato investigò l'effetto di queste arie sulla combustione e "immerse" una candela accesa nei gas imprigionati nel marchingegno. Il risultato non tardò ad arrivare: la fiamma si spense dopo pochissimo tempo. Quindi il gas prodotto dalla fermentazione poteva far morire una fiammella... Poteva anche fermare la vita degli organismi?, si chiese Priestley. Per scoprirlo, progettò un piccolo (ma assai comodo) divano capace di accogliere dei topolini di campagna, vittime sacrificali che raccoglieva nei prati, all'interno del suo macchinario "intrappola-aria".

I roditori, nella campana satura di gas, iniziarono a stare davvero male: la respirazione si faceva difficile e si contorcevano dal dolore. Solo l'intervento provvidenziale dello scienziato li salvava da morte certa. Quando, infatti, la sofferenza diventava evidente, egli apriva la campana di vetro per far entrare aria fresca e per far uscire il topo.

Quindi, le sue "arie" spegnevano sia le fiamme sia le vite degli animali. Come si sarebbero comportate con le piante? Priestley mise alcuni vegetali dentro delle campane e si accorse di un piccolo prodigio: contrariamente a quanto succedeva con i topolini e con le candele, i vegetali in mezzo a quel gas puzzolente se la passavano piuttosto bene.

Per complicare le cose, lo scienziato decise di mettere insieme, nel suo macchinario, sia un topolino sia delle piante verdi. E notò con sorpresa che il roditore, dopo un primo momento di debolezza, cominciava presto a riprendersi e riusciva a vivere discretamente.

Priestley concluse che le piante erano capaci di mitigare gli effetti letali delle "arie" grazie all'emissione di altri gas. Ora sappiamo che Priestley aveva colpito nel segno, almeno parzialmente. Il gas sprigionato durante la fermentazione, quello che tormentava Priestley dalla birreria, è l'anidride carbonica, sostanza che effettivamente non permette la combustione e nemmeno la respirazione. I vegetali catturano l'anidride carbonica e, mentre lo fanno, liberano l'ossigeno: per questo i topolini, in compagnia delle piante, riuscivano a sopravvivere!

Ma i passi per scoprire il meccanismo della fotosintesi, che incapsula i raggi del sole per far partire il cerchio della vita, non erano ancora finiti. Un altro pezzetto di strada lo percorse lo scienziato olandese Jan Ingenhousz, che prese delle provette, le riempì d'acqua e di piante e ne posizionò una parte al sole, mentre le altre restarono all'ombra. Ed ecco una nuova sorpresa: dalle foglie in piena luce iniziarono a sgorgare delle piccole bolle di gas, d'altro canto non succedeva niente in quelle poste al buio. Provò quindi a spostarle vicino al focolare, per verificare se era stato il calore a produrre le bollicine. Anche in questo caso le piante non produssero un bel niente. A quel punto, risultava evidente che era la luce a svolgere un ruolo essenziale.

Un ulteriore tassello venne posizionato dallo svizzero Jean Senebier, il quale scoprì che l'anidride carbonica era indispensabile per azionare la fotosintesi. Poi arrivò il tedesco Julius Robert von Mayer che, a metà dell'Ottocento, intuì che l'energia del sole si trasformava in energia chimica.

L'equazione finale della fotosintesi ($6\ CO_2 + 6\ H_2O$ + energia solare —> $C_6H_{12}O_6 + 6\ O_2$) venne scritta nel

1962 da Julius Sachs, e a Berkeley, negli Stati Uniti, gli scienziati Calvin e Benson compresero come funzionava a livello chimico (elaborando il famoso "ciclo di Calvin-Benson").

La strada verso la piena comprensione di questo processo, però, non si è ancora conclusa. Sono centinaia gli scienziati che ancora oggi si spremono le meningi per guadagnare terreno e scoprire i dettagli mancanti di questo meraviglioso meccanismo che fa girare da milioni di anni il cerchio della vita.

Inefficiente, ma perfetta

I raggi del sole sono molto abbondanti sulla Terra, e offrono a tutti gli organismi grandi opportunità. È per questo che diverse creature dispongono degli occhi, organi capaci di catturare le radiazioni luminose e trasformarle in segnali nervosi: la luce, oltre a nutrire le piante, aiuta gli esseri viventi a orientarsi nel mondo. È una risorsa indispensabile. Eppure, bisogna ammettere che non è un piatto per tutti i palati. La dieta delle piante si basa su tre ingredienti soltanto (aria, luce e acqua), ed è piuttosto monotona. Nessuna gioia per questi esseri verdi, nessuna variazione di menu, nessuna ricetta regionale e davvero poche, pochissime calorie.

Ma il tallone d'Achille della fotosintesi clorofilliana non è certo nel gusto delicato dell'aria e della luce. Il vero problema è che questo processo è certamente magnifico, senz'altro unico, rende possibile la vita sulla Terra, innesca milioni di storie, ma... è davvero scadente dal punto di vista dell'efficienza.

Il Sole è molto generoso e invia sulla Terra, ogni giorno, un quantitativo di energia pari a 5×10^{20} Kcal.

Ebbene, di tutta la massa energetica che raggiunge la Terra, solo una parte piccolissima colpisce le foglie per trasformarsi in zuccheri – il resto riscalda l'atmosfera per poi disperdersi nuovamente nel cosmo siderale.

Il nostro raggio è uno dei pochi fortunati: le piante lo catturano e lo incamerano per farne nutrimento. Quello che lo aspetta, però, è un processo tutt'altro che semplice: appena arrivato, viene condotto nel "centro di reazione fotosintetico", una struttura grande e complessa, formata da alcune proteine e dalla clorofilla (la molecola che colora di verde il nostro mondo). È qui che avviene la magia, ma anche la più straordinaria delle magie non è priva di problemi. Il centro di reazione fotosintetico, infatti, si rompe ogni quindici minuti, e le povere piante per farlo funzionare sono costrette a un incessante lavoro di riparazione! E, come se non bastasse, il centro di reazione è pure altamente inefficiente.

Per accogliere delle reazioni così intricate è necessaria una struttura molto elaborata. Ma, al crescere della complessità, aumenta anche la fragilità.

Ecco perché il centro di reazione si rompe tanto spesso ed ecco perché la fotosintesi non è un processo efficiente.

C'è quindi da preoccuparsi? Nemmeno per sogno, in questo breve viaggio illuminato dal raggio di sole non incontreremo situazioni che procedono in modo lineare e semplice. Gli organismi che conosceremo sono pervasi da problemi e lottano giorno dopo giorno, anno dopo anno, millennio dopo millennio per accaparrarsi i raggi di sole che piovono dal cielo. Nulla è gratis in questo viaggio, nulla è dovuto in questa avventura che si srotola al di sotto della biosfera. Eppure, nonostante i mille problemi, le difficoltà che la vita incontra a ogni passo, tutto va avanti perfettamente da più di quattro miliardi di anni.

Il segreto della vita eterna

Intorno al 2800 a.C., lungo le sponde del fiume Nilo, alcuni esponenti della specie *Homo sapiens sapiens* si cimentarono con una invenzione nuova di zecca proveniente dalla vicina Mesopotamia. Questa rivoluzionaria tecnica prendeva il nome di "agricoltura" e consisteva nel coltivare le piante per raccoglierne i frutti.

I vantaggi di questo approccio erano notevoli: le persone non erano più costrette ad andare in giro per le foreste a procacciarsi da mangiare. Inoltre, i campi coltivati erano più generosi dei boschi e gli esseri umani avevano più cibo a disposizione.

Contemporaneamente, a circa 12.000 chilometri di distanza, su un monte posto a 3000 metri sopra il livello del mare, un piccolo germoglio rompeva il suo guscio di legno e mostrava al mondo le sue foglioline. Mentre le tenere radici si ancoravano al terreno sassoso della valle e i piccoli rami si innalzavano verso il cielo limpido, gli antichi Egizi costruivano una grande civiltà: piramidi, geroglifici, calcoli astronomici. Il mar Mediterraneo diventava un bacino commerciale intorno al quale prosperavano altre importanti civiltà.

Nel frattempo, la giovane piantina si faceva grande. Il tronco si piegava per sopportare il sole cocente dell'estate e i freddi dell'inverno, mentre le radici scendevano sempre più a fondo per prelevare la poca acqua che circolava tra i massi dei monti impervi.

Il tempo galantuomo scandiva gli anni e i secoli, permettendo ai Romani di conquistare gran parte del mondo conosciuto, tra cui i territori del Medio Oriente e la Palestina, dove nacque un uomo capace di influenzare un intero popolo. Quando quest'uomo, Gesù Cristo, stava per spegnere la sua prima candelina, il nostro alberello aveva abbandonato da tempo la giovane età: le sue candeline erano ben 2833!

L'impero romano fece in tempo a prosperare e sgretolarsi, facendo posto all'Europa delle nazioni e all'ascesa di nuove potenze. Quando Cristoforo Colombo, dopo aver solcato i mari per 2 mesi e 9 giorni, approdò in America – era il 12 ottobre 1492 – le candeline sulla torta dell'albero erano diventate 4324. Lui le spense tutte, godendo ancora di ottima salute.

Mentre i suoi rami, anno dopo anno, si allungavano per conquistare un angolo di cielo, la brama di ricchezze montava nel cuore degli uomini: il colonialismo, la guerra d'indipendenza, la rivoluzione industriale. L'albero saluta il Novecento da anziano: le sue radici hanno imbrigliato gran parte del pendio, la sua chioma è gigantesca e il suo tronco contorto dalle estati bollenti e dai gelidi inverni.

Passano due guerre mondiali, arriva la grande ricostruzione, gli anni della contestazione giovanile. È a quel punto che lì, sulle White Mountains, in California, nei pressi della fascinosa e turbolenta San Francisco, alcuni botanici si imbattono nel nostro albero, appartenente alla specie *Pinus longaeva*. È il 1973, lui ha 4805 anni.

Gli scienziati lo chiamano Methuselah, Matusalemme: l'organismo più anziano di tutta l'immensa famiglia degli esseri viventi.

Di lui ora sappiamo molte cose, ma la sua esatta ubicazione resta avvolta nel mistero: per non rischiare atti vandalici nei suoi confronti, il governo della California ha deciso di non divulgare il suo indirizzo, noto solo a pochi prescelti. In pratica, il buon Matusalemme è una specie di rockstar: i più si devono accontentare di rimirarlo in foto.

La buona notizia è che non è l'unico millenario in circolazione: tanti altri alberi si possono ammirare dal vivo, e il loro indirizzo è noto a tutti. In Iraq sfida il cielo e il tempo il cipresso Sarv-e Abarqu (4000 anni), mentre nel Galles del Nord continua a crescere il tasso Llangernyw

Yew, che i 4000 li ha raggiunti e superati. Nell'isola dei centenari, la Sardegna, vive un olivo chiamato in italiano il Patriarca e in sardo S'Ozzastru, che ha superato da poco i quattro millenni.

Come fanno questi organismi a vivere così a lungo? Per gli alberi, l'avrete intuito, superare i cento anni di età è davvero una sciocchezza, mentre per gli animali si tratta di pura utopia. Esistono, ovviamente, delle eccezioni: nel 2006 è stata trovata nei mari gelidi dell'Islanda una vongola insolitamente grande. I pescatori, curiosi, hanno deciso di farla esaminare in un laboratorio di oceanografia. Dopo una attenta analisi, i ricercatori ne hanno decretato l'età: 507 anni, record che ne faceva l'animale più vecchio al mondo.

Anche le piante hanno le loro eccezioni: tante erbe consumano il proprio ciclo di vita in meno di un anno. Normalmente, però, i vegetali possono raggiungere età impensabili per la maggior parte degli esseri viventi. Come fanno? E, soprattutto, perché lo fanno? La risposta sta sempre lì, in quel processo complicato e magnifico che ha dato inizio a ogni cosa: proprio lei, la fotosintesi clorofilliana.

Per un pezzetto di cielo

L'abbiamo detto: il cibo delle piante è facile da procurarsi, ma difficile da processare. Esiste un cielo enorme da cui attingere anidride carbonica, e una pioggia costante di raggi di sole pronti a essere trasformati in zuccheri, ma la fotosintesi non è particolarmente efficiente. Così le piante, per attingere questi ingredienti e miscelarli con acqua e sali minerali, devono stare ferme, altrimenti sprecherebbero troppa energia.

Il nostro raggio di sole è arrivato da poco, ma una cosa l'ha già capita: la natura non conosce la perfezione – al massimo il miglior compromesso, ottenuto dopo milioni e milioni di aggiustamenti. E la condizione di immobilità, come tutte le cose, ha dei vantaggi e degli svantaggi.

Prima le buone notizie: non essendo costrette a viaggiare, le piante si spostano unicamente verso l'alto, sfidando senza timore le leggi di gravità. Questo permette loro di crescere tantissimo... anche fino all'infinito, almeno in teoria, perché le piante conoscono i propri limiti. Quando l'energia richiesta per crescere diventa eccessiva, o quando l'ambiente circostante non è favorevole, ecco che arriva lo stop e loro smettono di allungarsi. Dove il territorio lo consente, invece, le piante crescono molto – come le sequoie della California o le grandi querce d'Europa. Fatevi una passeggiata per i sassosi paesaggi mediterranei e scoprirete, non a caso, che le piante sono quasi tutte piccole.

Per noi esseri umani, il concetto di crescita è legato a doppio filo con quello di futuro: crescere per noi significa andare avanti, progettare, procedere passo dopo passo verso l'avvenire. Per le piante, invece, è vero l'esatto contrario. La natura, non avendo una mente, non possiede neppure un'idea di futuro. Gli organismi vivono incastonati in un eterno presente, poggiato su un passato antichissimo – anche se inconsapevole. L'inconoscibilità del futuro, la terribile ansia che ci provoca, agli altri abitanti del pianeta è totalmente sconosciuta. Se le piante avessero coscienza del futuro, infatti, non sprecherebbero energie per elevarsi al cielo: anziché ostacolarsi e togliersi spazio l'un l'altra (come avviene in un bosco, dove gli alberi più alti tolgono luce e nutrimento a quelli più piccoli), si metterebbero d'accordo e autolimiterebbero la propria crescita. Per esempio, potrebbero deliberare che l'altezza massima sia di due metri, una statura più che sufficiente sia per catturare la luce sia per non sprecare energia. Invece, non avendo cognizione del tempo che verrà, non pensano a cosa sarebbe meglio, ma solo a cosa è meglio in quel preciso momento. La cosa migliore nel presente è non lasciarsi soffocare dall'ombra altrui e slanciare le proprie chiome al di sopra delle altre. Ecco spiegato il motivo della silenziosa e lentissima guerra che si combatte ogni giorno, nel bosco, per un pezzetto di cielo.

La grande forza degli esseri umani, ma anche il loro grande dramma, è quello di avere coscienza sia del passato sia del futuro. Forza perché possiamo raccontare, condividere e migliorare la nostra storia; dramma perché essa procede in modo casuale, è intrinsecamente insensata ed è provvista di una personale fine. Quindi, per non vedere questa parte altamente problematica, viviamo, come gli alberi, incastonati in un eterno presente senza un passato e senza un futuro. Eppure, quando riusciamo ad aprire il nostro cuore e liberare il passato che vive dentro di noi, la visione della vita mostra i problemi, le risorse ma, soprattutto, si allarga e il nostro futuro assume una visione dai contorni sempre più chiari e profondi.

Il tumore che germoglia

I percorsi del cerchio della vita presentano tante sfaccettature e quello che a prima vista sembra un limite ha comunque dei vantaggi: la crescita costante e inesorabile fa in modo che gli anni passino senza colpo ferire. Le piante invecchiano con una lentezza esasperante e il metabolismo lentissimo, unito all'immobilità (cioè a un dispendio di energie ridotto al minimo), fa il resto.

Esiste anche un altro fattore che permette alle piante di incontrare la morte in un futuro spesso remoto. Per capire il meccanismo che consente loro di sfidare i secoli, dobbiamo percorrere Washington Street nella cittadina di Riverside, in California. Appena dopo il ristorante messicano, svoltiamo a sinistra per imboccare Magnolia Avenue; di fronte al negozio di fiori, precisamente al civico 7115, si può ammirare un grande albero di arancio. Non possiamo sbagliare: il raggio di sole è già lì, pronto a illuminare una nuova storia.

Quella che abbiamo di fronte, con le sue chiome sempreverdi, non è una pianta qualsiasi: è nientepopodimeno che uno dei monumenti ufficiali dello Stato della California. Per sapere cosa ci fa un albero nella lista dei monumenti da non perdere, insieme al Golden Gate, al faro di San Diego e alla famosissima statua The Unconditional Surrender, dobbiamo riprendere il nostro viaggio e, questa volta, viaggiare sia nello spazio sia nel tempo.

La nostra destinazione è un piccolo convento di monaci nella città di Salvador de Bahia, in Brasile, nell'anno 1820. È quello l'anno preciso in cui, nel giardino del convento, un piccolo germoglio di arancio amaro iniziò a elargire dei frutti dolcissimi, facili da sbucciare, senza semi e con un piccolo, strano rigonfiamento alla base. Un frutto gemello, non sviluppato, che restava attaccato al fratello più grande; una piccola escrescenza dalla forma bizzarra, simile a un ombelico.

Per circa cinquant'anni gli unici ad assaggiare questi frutti sono stati gli ospiti del monastero. Poi, intorno agli anni Settanta dell'Ottocento, un viaggiatore portoghese di passaggio al convento si innamorò del gusto delicato dei suoi spicchi e, con il permesso del padre priore, staccò e portò con sé un pezzetto del ramo miracoloso. Il suo movimentato cammino lo portò proprio a Riverside, e proprio al 7115 di Magnolia Avenue, dove lo straniero piantò il piccolo germoglio.

Il sole dello Stato d'oro, unito al terreno particolarmente fertile e alle cure amorevoli del portoghese, trasformò il virgulto in un albero forte, vigoroso e capace di dare numerosi frutti prelibati... che ancora una volta si fecero notare: la dolcezza degli spicchi attirò l'attenzione degli agricoltori locali, che prelevarono dei germogli dall'albero per coltivarlo nei campi limitrofi. Dai germogli si svilupparono nuovi alberi e, a catena, altri virgulti: un'onda che si propagò a raggiera per tutta la California.

La varietà di arancio prese il nome di Navel – che in inglese significa "ombelico" – proprio in virtù della strana forma alla base del frutto. L'onda dolce delle Navel varcò presto i confini nazionali, propagandosi verso l'Australia, l'Asia, l'Africa e arrivando a lambire le coste miti del Sud dell'Europa (la Sicilia in particolare). A tutt'oggi è l'arancia più coltivata e consumata in tutto il mondo.

Dato che i suoi frutti non hanno i semi, la propagazione è di tipo vegetativo. Cosa significa? Che per coltivare un nuovo albero bisogna prendere un germoglio e piantarlo. Sembra un'intuizione banale, ma se ci fermiamo un secondo a riflettere possiamo trarne una conclusione affascinante: tutti i germogli oggi esistenti derivano dal rametto di un'unica pianta: quella del giardino del convento di Salvador de Bahia. Proprio quel rametto staccato dal viaggiatore portoghese e portato al 7115 di Magnolia Avenue, nella cittadina di Riverside!

Ma la cosa davvero sorprendente è che quel primo germoglio non era affatto comune, dal momento che era affetto da una mutazione. Nelle piante questo genere di manifestazioni viene chiamato "sport" ed è piuttosto comune: si tratta di una incontrollata proliferazione cellulare, che genera delle caratteristiche del tutto nuove nell'esemplare colpito. Nelle piante queste mutazioni tumorali si possono verificare nelle gemme e il loro effetto rimane circoscritto, o, come nel caso dell'arancia Navel, può dare vita a un germoglio diverso dal resto della pianta.

Cosa c'entra tutto questo con la capacità di attraversare i millenni da parte delle piante? C'entra eccome, perché quel che nel mondo vegetale prende il nome di sport, nel mondo animale assume le tetre connotazioni del tumore – una cosa che non permette mai di sopravvivere abbastanza a lungo.

Negli animali, infatti, gli agenti mutageni possono compromettere la funzionalità di organi centrali e quindi portare alla morte. Al contrario, nelle piante essi si sviluppano e diventano dei germogli – oppure parti della pianta stessa. Questo è possibile perché i vegetali non possiedono organi centrali: di conseguenza, non possono soffrire di questa malattia. O meglio: ne soffrono, ma i loro germogli mutanti, lungi dall'essere letali, possono addirittura dare vita a una nuova specie di frutti.

Le forme della vita sono così tante e così varie da essere differenziate: un problema per uno può risultare una risorsa per l'altro. Il raggio di sole le illumina tutte, tocca a noi aprire gli occhi e cercare le diverse situazioni che si consumano tra il brulichio costante che anima il cerchio della vita.

Risolvere problemi: l'immobilità

Provate a immaginare come sarebbe la vostra vita se non poteste muovervi. Ancorati al terreno per sempre, in attesa che altri (la natura, in questo caso) vi diano l'acqua e la luce di cui avete bisogno per vivere. Ecco, questa è la vita delle piante. Tutt'altro che piacevole, no?

L'inefficienza della fotosintesi clorofilliana, l'esigenza di avere tanta acqua e sali minerali, la necessità di catturare tanti raggi del sole e il fatto che sia l'aria sia la luce siano, da una parte, molto abbondanti ma, dall'altra, davvero difficili da processare e trasformare in cibo hanno costretto le piante a stare ferme e letteralmente piantate al suolo. L'immobilità permette alle piante di raggiungere venerande età come quella del vecchio Matusalemme, ma al contempo riempie la loro esistenza di clamorosi limiti. Di nuovo il viso di Giano della natura si fa vedere: questa condizione è vantaggiosa o pericolosa?

Proviamo ad analizzare il problema più evidente: la difesa. Sopravvivere agli attacchi esterni può essere molto difficile, se si è costretti a restare immobili. Le piante, però, nel corso del tempo sono riuscite a elaborare diverse strategie di difesa. Una delle più semplici ed efficaci riguarda la forma delle foglie: nel corso del suo viaggio, il nostro raggio di sole ne incontra tantissime, dalle forme e dai colori più incredibili, e un dettaglio che non può sfuggirgli è che la maggior parte di esse possiede un margine dentellato. Una caratteristica così frequente, in natura, non può essere casuale. E infatti le foglie dentellate portano un grande vantaggio alle piante che ne sono provviste: le rendono meno digeribili per i bruchi.

Come tutti i buoni giardinieri sanno, i bruchi sono dei gran divoratori di piante, e in particolare di foglie, che hanno l'abitudine di sgranocchiare al margine, piazzandosi a cavalcioni tra i due lembi. Ora, se provassimo a eliminare i dentelli da alcune foglie e darle in pasto ai bruchi, scopriremmo che essi le farebbero fuori in un sol boccone. Digerire foglie seghettate, invece, richiede molto più tempo. In pratica, i dentelli rallentano notevolmente la velocità di ingestione della pianta, perché il bruco, dopo aver attaccato una sporgenza, prima di affrontarne una nuova è costretto a riorganizzarsi. Durante questo intervallo, poi, può capitare di tutto: una tempesta, un uccello, un insetto predatore, un fungo parassita, un batterio mortale... Insomma, la pianta gioca sul tempo e sulla pericolosità del bosco o del prato. Una strategia decisamente ingegnosa, che ci dà uno spunto su cui riflettere: se non possiamo muoverci, guardiamoci intorno. Ogni cosa, nel mondo che ci circonda, può aiutarci a vivere meglio. Basta saper guardare.

Vegetali parassiti

Non sempre le storie incontrate dal nostro raggio di sole hanno una "morale" così chiara. Anzi, a ben pensarci, il bello della natura è proprio che una morale, almeno per come la intendiamo noi umani, non c'è. Problemi e soluzioni si rincorrono senza sosta, nel grande cerchio della vita, vittima e carnefice si scambiano continuamente i ruoli e la connessione tra gli esseri viventi diventa sempre più intricata man mano che il viaggio prosegue. Un esempio? Il vischio.

Il vischio è una pianta simile a un cespuglio ed è piuttosto comune in tutto il mondo. Per individuarlo è sufficiente andare in una foresta in inverno: il verde delle sue foglie risalta sul marrone scuro dei grandi rami degli alberi. Esso infatti, al contrario dei giganti di legno che abitano il bosco, non perde le foglie durante i mesi freddi. Ma c'è di più: il vischio vive esclusivamente sopra gli alberi, non si sporca mai con la dura terra e con le sue vicende, appunto, terrene.

Queste caratteristiche hanno stimolato la fantasia degli esseri umani, i quali lo hanno eletto a icona sacra, convinti che la sua origine si dovesse ricercare in alto, nei cieli. Secondo la leggenda, gli dèi si divertivano a gettare i candidi frutti della pianta, simili a perle, in basso, sulla Terra, per schernire gli esseri umani che soffrivano e faticavano. Il vischio poi se ne restava lì, appollaiato sopra i rami degli alberi, senza mai sporcarsi. Tutte le credenze che lo riguardano sono proprio da ricondurre all'idea che questa pianta fosse in realtà una creatura del cielo: dall'antico interesse dei druidi, che raccoglievano i suoi frutti e li processavano seguendo ricette alchemiche dal magico potere, fino a un'abitudine romantica che abbiamo ancora oggi, quella di baciarci sotto il vischio durante la notte di Natale.

Il fatto è che, come spesso accade, la realtà è ben diversa dalla leggenda: il vischio non appartiene ad alcuna dimensione spirituale, e di certo non ha poteri magici o curativi. Anzi, a dirla tutta i suoi frutti sono velenosi, e le sue esigenze sono simili a quelle di tutti gli altri organismi viventi – cioè molto terrene. Se vive sugli alberi non è per non sporcarsi con la terra, ma perché le sue radici non sono in grado di penetrare il suolo. In sostanza, non si tratta di una creatura divina e nobile, ma di un vegetale parassita, costretto a prelevare l'acqua e i sali minerali dalla linfa degli alberi su cui cresce.

Ogni cosa, nel vischio, è conformata per sfruttare al meglio gli altri organismi. Osserviamo i semi, per esempio: hanno una forma cuneiforme, adatta a infilarsi nelle screpolature della corteccia. Le radici che ne derivano saranno talmente robuste da penetrare perfino il legno più duro.

Ovviamente, anche la vita del parassita è costellata di problemi: prima di tutto bisogna trovare qualcuno da sfruttare, e la cosa non è per nulla banale. In genere è molto più facile centrare la terra che insinuarsi negli alti rami degli alberi e, dal momento che a disperdere i semi non sono gli dèi ma mammiferi e uccelli, è facile che sbaglino mira. E allora per il vischio sono guai seri: non sapendo estrarre le sostanze dal terreno, semplicemente non può crescere e passa a miglior vita ancora prima di germogliare. Anche se cade su un ramo la situazione può volgere al peggio, perché non tutti i rami vanno bene: se è troppo grande, le radici non riescono a penetrare la dura corteccia; se è troppo piccolo, invece, non c'è abbastanza sostanza da rubare.

Il vischio, quindi, è costretto a vivere solo in alto e sui rami di medie dimensioni. Una condizione davvero scomoda, che necessita di strategie virtuose per essere affrontata al meglio. Così – in un tempo straordinariamente lungo, quello richiesto dalla selezione naturale – il vischio ha scelto come agente di disseminazione un uccello della famiglia dei Torditi, la tordela, talmente ghiotta delle sue bacche da meritarsi il nome scientifico di *Turdus viscivorus*, cioè "tordo vorace di vischio". Per attirarlo, la pianta colora i propri frutti con delle tinte a cui l'occhio dell'uccello è particolarmente sensibile, e anche il suo sapore si adatta perfettamente ai gusti del volatile... Con un piccolo segreto: all'interno delle bacche sono contenute delle sostanze lassative. Dopo aver tanto mangiato, la tordela necessita solo di due cose: riposarsi sui suoi rami preferiti e liberare l'intestino. Ovviamente la pianta non desidera altro, ma attenzione! C'è un altro problema all'orizzonte: se la tordela ha esagerato con le quantità, si corre il rischio che le sue feci siano troppo liquide, e scivolino quindi lungo il ramo fino a toccare la sgraditissima terra.

Come prevenire quest'eventualità, visto che per la tordela non esiste cibo più prelibato? Ecco che il virtuosismo della natura ci viene in soccorso: perché nel frutto del vischio, oltre a sostanze lassative e zuccheri prelibati, si trova anche una sostanza collosa, che ne ricopre la superficie e gli permette di restare appiccicato in alto, dove può germinare e dare vita a una nuova pianta. La cosa non finisce qui: la colla, infatti, è in grado di attraversare il tubo digerente della tordela senza essere digerita. Dopo aver tanto mangiato, l'uccello si ritrova con il becco pieno di questa materia viscosa. Per liberarsene, se lo strofina sui rami, infilando i semini, senza avvedersene, direttamente all'interno delle screpolature della corteccia, dove vengono fissati proprio grazie alla colla.

Siamo di fronte a una simbiosi o a una manipolazione? C'è da dire che i cespugli di vischio accolgono numerosi nidi di uccelli, e i suoi frutti nutrono non solo i Torditi ma anche gli scoiattoli, e talvolta i cervi e altri erbivori – che a loro volta fungono da nutrimento per altri animali carnivori. Insomma, dove c'è il vischio c'è sicuramente un albero che soffre (se non altro perché è costretto a vivere con un inquilino indesiderato!), ma tantissima biodiversità che si genera e che protegge l'intero ecosistema.

Mamme protettive

Il giorno 7 settembre 1978, nei pressi del Waterloo Bridge, a Londra, il giornalista e scrittore bulgaro Georgi

Markov stava aspettando, come ogni mattina, l'autobus che lo avrebbe portato alla stazione radiofonica della BBC. L'intellettuale dell'Est Europa curava una trasmissione in cui faceva volare, senza mezzi termini, delle frecce al vetriolo nei confronti del regime comunista, quello bulgaro in particolare.

Mentre era assorto nei suoi pensieri, Markov sentì un acuto dolore alla coscia destra. Si voltò, convinto di essere stato punto da una vespa o da un altro insetto, ma vide soltanto un signore elegante raccogliere un ombrello e allontanarsi.

Il giornalista non diede peso all'accaduto e si diresse, come al solito, verso la radio. Quella mattina la trasmissione andò puntualmente in onda: nonostante il dolore alla coscia sempre più insopportabile, le vampate di calore, i giramenti di testa e la febbre, i consueti proiettili ironici vennero sparati al di là della cortina di ferro. Furono le ultime cartucce di Georgi Markov: giunto a casa, la febbre salì a tal punto che il giornalista iniziò a delirare. Venne portato di corsa all'ospedale, ma non ci fu nulla da fare: colpito da un arresto cardiaco, esalò lì il suo ultimo respiro.

L'autopsia rivelò quello che i medici già sospettavano: conficcata nella coscia del defunto c'era una microcapsula forata del diametro di 1,7 millimetri, composta al 90% di platino e al 10% di iridio. Al suo interno vennero rilevate tracce di ricina, un veleno molto potente, per il quale all'epoca non si conosceva un antidoto.

Perché raccontiamo questa storia? Il fatto è che la ricina è uno dei molti veleni di origine vegetale. Normalmente le piante non se ne servono certo per omicidi politici, come è facile immaginare. Anzi, a dirla tutta, il loro obiettivo non sono neppure gli esseri umani, bensì gli uccelli e gli altri animali che potrebbero avvicinarsi ai loro semi e tentare di mangiarli. Si tratta di una strategia di difesa che la pianta madre fornisce ai suoi piccoli: per sopravvivere, le piante devono assicurarsi che i loro semi non finiscano tutti in pasto agli animali, ma che si diffondano per mettere radici e germogliare altrove. Con la dose giusta di veleno, i semi risultano poco appetitosi e gli animali, per evitare un'indigestione, imparano a tenersene alla larga.

A usare questa strategia difensiva non c'è soltanto il ricino, ma anche piante più insospettabili: i semi del melo, del pesco e dell'albicocco, per esempio, hanno un contenuto più o meno alto di amigdalina, un glucoside cianogenico, capace cioè di liberare acido cianidrico dalla flora intestinale degli animali.

Anche la caffeina è un alcaloide che la pianta utilizza per proteggere i suoi semini dal vorace appetito degli animali. Quando il germoglio inizia a mostrare le sue tenere foglie al mondo, la caffeina migra dal seme nelle parti verdi, in modo da allontanare gli erbivori, poi scende verso il basso e penetra nelle radichette, che ricopre con una microscopica ma amarissima barriera, capace di tenere alla larga insetti, funghi e altri nemici.

In pratica, la madre fornisce alla neonata piantina sia gli elementi nutritivi sia la protezione necessaria. Se tutto procede per il meglio – cioè: se il seme ha trovato le condizioni per germinare, se la piantina non è stata divorata da qualcuno, se è diventata grande e se gli impollinatori hanno fatto il loro dovere – dopo la fecondazione si formeranno altri semi, cioè nuovi organismi in potenza. Quando cresceranno, saranno ormai capaci di pensare a se stessi in maniera autonoma, proprio come accade ai cuccioli di molte altre specie!

Il veleno però non è soltanto un'arma di difesa. La medicina ci insegna che il trucco sta nelle dosi: un milligrammo in più può essere letale, eppure con il giusto equilibrio ogni veleno si può trasformare in cura.

Una cosa simile avviene nel mondo delle piante. Le crucifere, famiglia a cui appartengono i cavoli, i broccoli, la colza e la senape, mescolano insieme al nettare una sostanza che eccita gli impollinatori, che vengono colti da una sorta di frenesia, un eccitamento che li sprona a lavorare alacremente e li rende ancora più efficaci. Bisogna però essere cauti! La sostanza aumenta il lavoro, ma anche l'aggressività. Quindi, attenzione ai campi di cavoli: potreste venire punti da qualche ape troppo eccitata.

Un altro caso particolarmente interessante è quello del caffè. Ricoperti da un involucro di polpa zuccherina e da una buccia di colore rosso vivo, i suoi semi attirano stormi di uccelli, tra i pochi organismi autorizzati a mangiarne a profusione. Perché? Semplice: perché possono volare lontano e aiutare nella disseminazione. Essi infatti assimilano soltanto l'involucro di polpa, mentre i semi veri e propri attraversano intatti il loro tubo digerente, per poi ritrovarsi all'esterno sani e salvi, pronti per far germinare una nuova pianta. La cosa interessante è che anche la polpa – quella di cui gli uccelli vanno ghiotti – contiene della caffeina. Quanta? Be', la giusta quantità: non così tanta da intossicare i volatili, ma neanche troppo scarsa, perché la caffeina li aiuta a volare più veloci, portando i semi il più lontano possibile dalla pianta madre!

Inoltre, per evitare sprechi, la caffeina viene elargita solo a chi se la merita davvero: quando il fiore bianco del caffè viene visitato da impollinatori poco efficienti (mosche, farfalle, i maschi di alcune zanzare), la quantità dell'alcaloide contenuta nel nettare rimane piuttosto scarsa. Quando, però, arrivano le api, il livello della sostanza eccitante aumenta e scatena un circolo virtuoso che spinge l'ape a lavorare e visitare più fiori, con un grande vantaggio da entrambe le parti: il vegetale si riproduce, mentre l'insetto, raccogliendo più nettare, produce più miele.

Nel mondo dei vegetali, la pianta del caffè è senz'altro una delle mamme più protettive, al punto che utilizza più strategie di difesa contemporaneamente: oltre ai tessuti infarciti di un veleno, essa è provvista anche di foglie dentellate (un dispositivo di sicurezza più basico ma, come abbiamo visto, sempre efficace). È anche una genitrice oculata: per non sprecare una sostanza utile e preziosa come la caffeina, la dose giusta per allontanare bruchi e insetti viene disposta solo lungo i margini delle foglie, e non al loro interno.

Sorpresa piccante

C'è un'altra pianta che, al pari del caffè, è conosciuta e coltivata in tutto il mondo: è il peperoncino. I suoi fiori sono bianchi, perfetti per attirare gli insetti impollinatori; la sua forma è più o meno cespugliosa; alcune varietà sono annuali mentre altre sono perenni e la sua resistenza al freddo è simile a quella di tutti i vegetali che vivono sul continente americano. A prima vista, quindi, sembra una pianta come tutte le altre... Ma noi uomini sappiamo che non lo è: quando si analizzano i suoi frutti carnosi, il velo di normalità cade all'istante.

Esattamente come il caffè, il peperoncino cerca di attirare gli uccelli in modo che possano trasportare i semi lontano dalla pianta madre, e per farlo ha conformato i suoi frutti ai loro gusti: piuttosto piccoli, rossi, contenenti una discreta quantità di zucchero.

Qualcosa non torna, vero? Tutti sappiamo che il peperoncino non è di certo la cosa più dolce che ci sia in natura, e sappiamo anche che i volatili non sono grandi amanti del cibo speziato. Come fanno, allora, a sopportare il piccante? È molto semplice: non lo sentono. Il fatto è che il peperoncino non vuole solo attirare gli uccelli, ma anche difendersi dai mammiferi, che considera dei pessimi trasportatori di semi. Così, ingegnosamente, diffonde all'interno delle bacche una sostanza chiamata "capsicina", che alcuni recettori della lingua dei mammiferi percepiscono come fuoco puro! La lingua degli uccelli, invece, non possiede questi recettori e consente loro di percepire soltanto il sapore zuccherino, senza correre il rischio di bruciarsi la bocca.

A vanificare la strategia, come spesso accade, sono gli esseri umani, che al posto di evitare la capsicina, la amano e la cercano.

Ma quello che a prima vista sembra un errore si trasforma in risorsa, per il peperoncino. Perché, contrariamente agli altri mammiferi, gli uomini sono ottimi agenti di dispersione: se gli uccelli fanno viaggiare i semi attraverso il continente americano, gli esseri umani nel corso del tempo sono riusciti a portare questa pianta in tutto il mondo, proteggendola e diversificandola per poterla usare nelle proprie ricette.

Il frutto zombi

Il nostro raggio di sole non soffre i veleni, non rischia di farsi male, non teme alcun pericolo. Per questo può permettersi di vagare in lungo e in largo, andando sempre a caccia di nuove storie. Le piante lo accolgono sempre con gioia, pronte a rivelargli i loro segreti. Quella che stiamo per incontrare è una pianta un po' speciale, perché per difendersi non ha né dentelli né veleni. Come fa? Per scoprirlo, dobbiamo tornare indietro nel tempo e raccontare una storia... di streghe.

Siamo nell'inverno del 1692, nel piccolo villaggio di Salem, nel Massachusetts. Le due giovani figlie del pastore Samuel Parris ultimamente mostrano dei comportamenti davvero bizzarri: si nascondono dietro i mobili di casa, strisciano per terra, parlano in una lingua sconosciuta oppure rimangono in silenzio per lunghi periodi. Il padre, preoccupato per la situazione, si rivolge ai suoi colleghi religiosi, che gli consigliano diplomaticamente di lasciare la questione nelle mani di Dio.

Dio, a quanto sembra, preferisce non intervenire, ma nel frattempo tra i vicoli di Salem iniziano a circolare delle insinuazioni velenose. La diceria principale vuole che le ragazze siano state colpite da oscure pratiche magiche inventate da Belzebù in persona. Insomma, che siano possedute. Si cerca quindi qualcuno che faccia da "mediatore" tra il demonio e le ragazze, per aiutarle a liberarsene, e spunta presto tra gli abitanti della cittadina una grande esperta di streghe: la vedova Mary Sibley. Nel curriculum di questa donna spicca la capacità di preparare la *witches cake*, una focaccia di farina di segale in grado di rivelare la presenza di una fattucchiera all'interno della comunità. La ricetta è tanto semplice quanto disgustosa: la torta viene impastata con l'urina della persona colpita dal maleficio (in questo caso le figlie del reverendo) e una volta finita viene data in pasto a un cane, che a quel punto dovrebbe riconoscere (e aggredire) la responsabile del maleficio.

La signora Sibley segue diligentemente tutti i passaggi, prepara la focaccia e la serve al suo cane... che muore intossicato prima di stanare la strega di turno. La follia purtroppo non si ferma, le dicerie divampano e si trasformano in panico collettivo, prima di sfociare nel tristemente noto processo alle streghe di Salem.

Ora, se alcuni storici sostengono che il comportamento bizzarro delle due ragazzine non fosse di origine demoniaca ma, semplicemente, frutto della solitudine e della superstizione, altri credono invece che la vera ragione dei fatti accaduti a Salem affondi le radici nel cerchio della vita. Più precisamente, nelle strategie delle piante per difendersi dai loro nemici.

Il tutto inizia con la segale, ingrediente principale della nauseabonda *witches cake*, un cereale che, grazie alla sua capacità di resistere al freddo, viene coltivato soprattutto nei climi nordici. Si sa, però: anche i più forti talvolta si ammalano, e i semi di questa pianta possono infettarsi con un fungo velenosissimo che colpisce diverse graminacee, chiamato *Claviceps purpurea*. Quando succede, i semi infetti diventano neri e ricurvi e si riempiono di alcaloidi, tra cui l'acido lisergico. Questa sostanza, se ingerita da noi esseri umani, può causare diversi disturbi, i cui sintomi assomigliano molto a quelli riportati dai testimoni della follia delle figlie del reverendo.

Nel Seicento la segale era il cereale più coltivato nel Massachusetts; inoltre, alcuni documenti ufficiali raccontano di una pagnotta di colore rosso, regalata alla famiglia del pastore da alcune donne devote. All'epoca si credette che il rosso fosse quello del sangue del diavolo (con cui le streghe dovevano aver impastato la farina), ma oggi sappiamo che quando la percentuale dei semi infetti supera il 5% il pane ricavato dalla segale assume un colore vermiglio (da cui il nome del fungo *Claviceps*, cui si accosta l'aggettivo *purpurea*).

Ma perché questo fungo è così velenoso? E perché infetta molte graminacee? La risposta è nelle mille circonvoluzioni del cerchio della vita: le spore del fungo viaggiano trasportate dal vento, e si fermano raramente, ma quando incontrano l'infiorescenza di una graminacea ci si insediano volentieri. A quel punto, si impossessano del fiore e lo trasformano in un frutto zombie: il seme diventa nero, simile a un corno (ecco perché prende il nome di segale cornuta) e ricco di sostanze velenosissime.

Il frutto zombi è diverso dagli altri anche nel comportamento: al posto del chicco bruno portatore di vita, adesso c'è un malefico manipolatore di insetti. Esso preleva la linfa dalla pianta e, dopo averla trasformata in una sostanza appiccicosa e dolce, ci aggiunge le proprie spore. Quando gli insetti – che hanno un debole per lo zucchero – si avvicinano per banchettare, senza accorgersene si sporcano di spore, che trasportano quindi di pianta in pianta, ricominciando il tetro ciclo del male.

Mentre le spore si aggirano per i prati a bordo degli insetti, i semi indemoniati cadono al suolo dove trascorrono, inerti, il lungo inverno del Nord. Giunta la primavera, non compare nessuna giovane piantina: insieme ai colori brillanti dei prati e dei boschi, nei campi regnano adesso le tinte cupe della *Claviceps purpurea.*

Anche i più spaventosi film di zombi hanno però un rovescio della medaglia: bisogna sempre ricordare che la natura ha mille sfaccettature e i suoi significati sono molto più profondi di quanto noi uomini riusciamo a percepire. Così, se si osserva il fenomeno della segale cornuta da una distanza ravvicinata, si scopre che il panorama cambia completamente.

Prima di tutto è necessario dire che l'erba che ricopre i prati è sprovvista di qualsiasi meccanismo difensivo: un vero e proprio paradiso per i grandi mammiferi erbivori, che con le loro fauci processano ogni giorno chili e chili di erba fresca. Le graminacee sono altrettanto indifese, e l'unica strategia che hanno elaborato per sfuggire all'attacco dei predatori principalmente è quella di generare i nuovi germogli sottoterra anziché in superficie. Non sempre basta, però. Bisogna, all'occorrenza, sapersi lanciare all'assalto. Ed ecco che in soccorso delle graminacee arriva lui: il fungo *Claviceps*, una sorta di mercenario che presta le proprie armi per combattere le guerre altrui. In cambio, le piante gli cedono qualche seme per aiutarlo a diffondersi, dando vita a quella che in natura (ma non solo) si chiama "simbiosi": uno scambio perfetto, alla pari, in cui entrambe le parti lasciano qualcosa per ottenere un risultato vantaggioso per tutti. In questo caso, la sopravvivenza.

Attirare l'attenzione

Il problema dell'immobilità non riguarda soltanto la sicurezza e la possibilità di difendersi. Ci sono infatti altre questioni, più piacevoli ma non meno urgenti. Per esempio: come fare per incontrare il partner? Durante la loro milionaria storia, le piante hanno trovato tantissime soluzioni a questo problema, e la più comune è anche la più semplice. Possiamo osservarla in primavera, quando i prati di tutto il mondo si accendono di mille colori. La strategia è la stessa che applichiamo noi (e non solo, anche vari animali lo fanno!) quando vogliamo attirare l'attenzione: ci vestiamo a festa, ci facciamo belli per cercare di distinguerci. Ecco, i fiori fanno la stessa cosa, e la fanno sapendo di avere a che fare con un partner che sa dare tantissimo, ma è molto difficile da conquistare: l'ape da miele. In realtà l'ape non è un vero e proprio partner, l'accoppiamento richiede la presenza di un altro fiore della stessa specie. Ma se nessuno dei due riesce a muoversi, come ci si può incontrare per far avvenire la fecondazione? Gli insetti impollinatori servono esattamente a questo: sono dei "corrieri" che prelevano il polline (cioè la parte maschile dei fiori) da una corolla e lo consegnano a un'altra.

Quando alla mattina esce per andare al lavoro nei campi, ogni ape si trova di fronte a una massa di fiori splendenti, ognuno che reclama una visita. In mezzo a questa moltitudine colorata, farà la sua scelta: un fiore, uno soltanto, per tutto il giorno, fino al tramonto. Questa monogamia temporanea porta grandi vantaggi a entrambi: la pianta è sicura che il suo polline finirà sulla parte femminile di un fiore delle sua stessa specie, assicurando una fecondazione di qualità; l'ape, da parte sua, può permettersi di scegliere il fiore che la convince di più, evitando di girare a casaccio da una corolla all'altra. Le api sono infatti creature indaffaratissime, non hanno tempo da perdere: l'alveare è grande, le bocche da sfamare tante, e l'inverno arriva sempre prima di quanto non si pensi. Occorre procurarsi grandi quantità di nettare, insomma. Ed è qui che subentra la selezione, perché il fiore che lancia il messaggio più promettente di solito è quello che ha più materia prima da fornire.

Ovviamente, tutti i fiori cercano di attirare l'ape e di convincerla a posarsi su di loro, ed è per questo che nel prato si combatte una silenziosa e millenaria guerra. Le battaglie dei prati non si combattono con i cannoni ma a suon di profumi, forme e colori, con delle strategie più o meno lecite.

Lo scopo è quello di attrarre il maggior numero di impollinatori, perciò i fiori cercano di conformarsi ai gusti personali delle api. Il senso principale dell'ape, come quello della gran parte degli insetti, è l'olfatto. Ecco quindi che le piante si prodigano con aromi delicati, in grado di attirare l'attenzione anche da una lunga distanza: grazie alle loro antenne sensibilissime questi insetti sono capaci di percorrere controvento decine di chilometri seguendo la scia odorosa!

Una volta giunte nei pressi del fiore tentatore, le api si ritrovano a fare i conti con una nuova arma di seduzione: il colore. È questo il motivo per cui i prati di tutto il mondo sono punteggiati di rosa, violetto, giallo, blu: sono tutti colori ben percepibili dall'occhio dell'ape. L'unico un po' più raro (pensateci bene, non sono tanti i fiori di questo colore) è il rosso, difficile da percepire per l'occhio composto delle api e, proprio per questo, poco vantaggioso. Ci sono anche dei colori che noi esseri umani non riusciamo a vedere – come, per esempio, l'ultravioletto, che risplende su quei fiori che noi percepiamo come bianchi. Addirittura, sui petali di alcune piante sono disegnate delle speciali linee chiamate "guide al nettare", che indicano la precisa ubicazione delle ghiandole che secernono il liquido zuccherino. La maggior parte degli animali non è in grado di distinguerle, essendo insensibile all'ultravioletto. I fiori svelano la loro totale bellezza solo a chi sa coglierla e valorizzarla.

Un'altra strategia utilizzata dai fiori per fare colpo sulle api riguarda le forme. Qui la difficoltà aumenta, perché l'occhio dell'ape, così sensibile ai colori, nei confronti delle forme è piuttosto indifferente. Le piante devono riuscire a stupirle, per far sì che si accorgano di loro, e questo le costringe a un grande sforzo di fantasia per forgiare le corolle dei fiori con le forme più strane ed esuberanti. Il frutto di questo sforzo si può osservare facilmente in qualsiasi prato: i fiori meno evoluti (come la margherita, la magnolia, il girasole) hanno delle forme semplici e simmetriche; per attirare gli impollinatori puntano tutto sulla sobrietà. Le linee bizzarre e irregolari dei fiori delle leguminose, della salvia e delle orchidee indicano invece una maggiore complessità, cioè uno sforzo maggiore nel combattere la guerra dei fiori. Diciamo che si comportano come chi, per andare a una festa, decide di indossare un abito scintillante di lustrini: anche se non è certo di avere tutti gli occhi addosso, sa che così avrà molte più chance di essere notato!

A un certo punto, poi, proprio come in una festa, si aprono le danze. Sì, perché se c'è una cosa che le api vedono perfettamente sono i movimenti: quello che la maggior parte degli animali percepisce come un piccolo gesto, diventa enorme per l'ape (ecco perché gli esseri umani farebbero meglio a stare fermi quando si avvicina uno di questi insetti: basta il minimo movimento per spaventarlo e far sì che si senta aggredito, contrattaccando con una dolorosa puntura). Con una sensibilità tanto acuta, se andassero al cinema le api percepirebbero ogni singolo fotogramma e non riuscirebbero a cadere nell'illusione del movimento che dà senso al film – mentre noi facciamo esattamente il contrario: sfruttiamo il nostro difetto per divertirci e provare ogni sorta di emozione.

I fiori conoscono questo punto debole, e lo sfruttano ponendo i fiori sopra lunghi steli, che si muovono al sospirare lieve del vento. È così, ondeggiando dolcemente, che si palesano ed entrano nel mondo dell'ape per perpetuare la loro specie.

Seduzione tropicale

La competizione tra le piante per l'impollinazione è notevole, soprattutto nei luoghi come i tropici, dove le specie floreali presenti sono tantissime e molto diverse fra loro. In questi luoghi, le semplici armi di seduzione del prato non bastano più; i fiori devono ricorrere a strategie più sottili e non sempre corrette, come, per esempio, la manipolazione.

Per applicarla, bisogna essere in possesso di informazioni che l'altro non possiede. In questo caso, i fiori sanno cose che le api ignorano – in particolare le api di sesso maschile, i fuchi, i quali, quando arriva la stagione dell'accoppiamento, hanno l'abitudine di sfarfallare in giro in cerca della loro compagna. Non sanno che devono attendere qualche giorno prima dell'arrivo delle femmine, che si fanno aspettare e tardano sempre un po' all'appuntamento – in quel momento, per essere precisi, stanno ancora dormendo comodamente all'interno dei loro bozzoli. Questa informazione è invece posseduta dai fiori, in particolare da una specie di orchidea tropicale, che prende il nome di "vesparia" o "fior di vespa" (*Ophrys apifera*), la quale sfrutta l'occasione per forgiare i propri fiori in una forma che assomiglia a quella di una femmina di ape. In pratica, si traveste e si finge un'altra per conquistare l'oggetto del suo desiderio.

Come abbiamo visto, basta poco per confondere la vista debole delle api, ma ci vuole ben altro per ingannare il loro olfatto. L'orchidea però ha pensato anche a questo: il suo profumo, infatti, è del tutto identico a quello emesso dalle api femmine! Il tranello funziona benissimo e il maschio si precipita sulla finta preda con la seria intenzione di sedare i suoi appetiti sessuali. Quando si accorge dell'errore, è troppo tardi: la pianta lo ha sporcato completamente di polline.

Ma non è finita qui, perché il fuco, dopo essere stato ingannato una prima volta, si lancia alla ricerca di una nuova femmina. Noi e la pianta sappiamo che questa ricerca è vana, ma lui continua a illudersi e, puntualmente, ricasca nella trappola di un'altra orchidea. Il polline raccolto nel primo fiore cadrà nel secondo, assicurando la fecondazione della pianta.

Quella dell'ape, invece, è ancora assai lontana! Ma tra qualche giorno le femmine si sveglieranno dal loro torpore, e a quel punto anche il sogno d'amore del fuco verrà finalmente esaudito.

Insetti poco eleganti

Dopo aver fatto un giro ai tropici, torniamo insieme al raggio di sole verso i nostri prati e giardini. Qui si trova un fiore che forse non è originale come l'orchidea manipolatrice, ma è senza dubbio tra i più amati dagli esseri umani (soprattutto quelli innamorati): la rosa.

Noi uomini coltiviamo la rosa per circondarci di bellezza; i suoi colori intensi, il suo profumo dolce, i suoi petali vellutati, tutto in lei comunica fascino ed eleganza. Ma, come sempre succede nella storia della vita, nulla è mai completamente buono o completamente cattivo, e la rosa non fa eccezione: se il bene, nel suo caso, è rappresentato dal suo aspetto, il male arriva insieme ad alcuni insetti dal corpo tozzo, vestiti con una livrea verde brillante. Coerentemente al ruolo che gli uomini gli hanno affibbiato, questi coleotteri sono l'esatto contrario delle rose: sono brutti, volano in modo sgraziato e fanno un sacco di rumore. Si chiamano cetonie, sono gran divoratrici di nettare e ogni volta che si posizionano sui teneri boccioli di rosa li distruggono a suon di mandibole, trasformando il piccolo paradiso terrestre di ogni giardino in un vero e proprio inferno.

Ma è proprio così la storia? La cetonia è brutta e cattiva e la rosa è bella e buona? Guardando meglio, sotto la corazza dura e spessa dell'insetto si cela un antico e dolce segreto.

Per conoscere la sua vera storia, dobbiamo viaggiare

nel tempo e percorrere a ritroso ben 115 milioni di anni. È il periodo in cui alcune piante delle foreste iniziarono a secernere delle sostanze zuccherine in prossimità dei loro organi sessuali. A prima vista, questo fatto non ha alcun significato particolare, ma la storia della vita è profonda e segue percorsi tortuosi: è proprio questo liquido dolce, il nettare, a dare inizio a una piccola, grande rivoluzione il cui esito è proprio sotto i nostri occhi, nei prati colorati e profumati: l'impollinazione.

Legioni di insetti affamati di zucchero cominciarono a frequentare le piante e a sporcarsi di polline (che, come abbiamo visto, è la parte maschile del fiore). Passando su un altro fiore, sempre alla ricerca di sapori dolci, il polline raccolto sulla prima pianta cadeva nella parte femminile della seconda, portando alla fecondazione.

Mentre i fiori affinavano le loro armi seduttive per attirare l'attenzione degli insetti, questi ultimi non sono stati certo con le mani in mano, ma si sono specializzati nella raccolta di nettare e polline. I prati si sono così riempiti di farfalle, sirfidi e dell'impollinatore per eccellenza, l'ape da miele. La vita è diventata più complessa, più profumata e più bella. Ma chi sono gli insetti precursori che, per primi, hanno trasportato i granuli di polline nei prati? Sono proprio loro, i tozzi coleotteri distruttori delle rose che con tanto amore piantiamo in giardino! Le cetonie sono state i primi insetti ad approfittare di questa fonte zuccherina e gratuita, solo che, essendo ancora un po' rozze, anziché limitarsi a succhiare il nettare, già che c'erano, si prendevano anche i petali e tutto quel che restava del fiore. Eppure, dopo aver divorato il divorabile, capitava anche che qualche granulo centrasse casualmente l'obiettivo, dando origine a una nuova pianta.

Insomma, le cetonie non sono particolarmente eleganti o civili, ma hanno contribuito al progresso e all'evoluzione di molte specie floreali. La vera storia della cetonia ha generato un mondo pieno di profumi e di colori e ha acceso l'amore degli umani per la splendida rosa.

Trappola floreale

Se è vero che l'impollinazione con i coleotteri è piuttosto grezza, è altrettanto vero che in alcuni, rari casi può raggiungere delle vette di pura raffinatezza. A comandare il gioco sono sempre le piante che, come abbiamo visto, quando si tratta di fecondazione sono grandi maestre di astuzia, in grado di imbastire elaboratissime strategie pur di ottenere quello che desiderano.

È quello che succede alla *Victoria amazonica*, una pianta acquatica che vive nei calmi specchi lacustri del territorio amazzonico e che appartiene alla stessa specie delle ninfee. Essa è capace di produrre da una sola pianta circa cinquanta foglie circolari, ognuna delle quali ha un diametro di due metri e mezzo e un bordo rialzato – grandi, in pratica, come piccole imbarcazioni. La pagina superiore di queste foglie è cerosa (dunque, se bagnata, si ricopre di gocce che scivolano via), quella inferiore invece è ricca di spine per tenere lontani i pesci e i lamantini. Oltre a essere molto grandi, hanno una struttura talmente robusta da sopportare un peso di ben 45 chili, se ben distribuito. Questa caratteristica è stata studiata dagli inglesi e utilizzata per costruire il Crystal Palace della prima Esposizione universale tenutasi a Londra nel 1851: il palazzo era ispirato alla struttura e all'andamento delle venature delle foglie di questa straordinaria pianta.

Ma la vera peculiarità della *Victoria* sono i fiori: mentre le foglie sono progettate per essere fortezze inespugnabili, i fiori si sono conformati per attirare dei coleotteri del tutto simili alla cetonia. Inizialmente sono di colore bianco (almeno ai nostri occhi!) e spandono nell'aria un dolce profumo, che ricorda quello dell'ananas. Sono inoltre provvisti di un potere speciale, perché sono endotermici, cioè capaci di scaldarsi.

Il connubio tra il colore, l'odore e il calore rappresenta un richiamo irresistibile per i tozzi insetti, che giungono a frotte sui fiori della pianta amazzonica. L'ambiente è così confortevole che i coleotteri vi si trattengono per lungo tempo. Ma proprio quando è arrivato il momento del congedo... ecco che scatta la trappola e i petali si chiudono, imprigionandoli dentro!

Il fiore cambia faccia, mostrando il suo volto maligno, e a quel punto i coleotteri non possono far altro che cercare la via di fuga a suon di spinte e di calcioni. Ma non c'è nulla da fare: la calda, profumata e colorata prigione trattiene i poveri insetti per ventiquattr'ore.

La mattina successiva, le sbarre di petali si aprono e gli ostaggi sono liberi di volare lontano. Le tentazioni però sono dure da vincere; così, proprio come accade con i fuchi e le orchidee, appena liberi i coleotteri vengono attirati nuovamente dalle lusinghe dei fiori e precipitano all'interno di una nuova corolla, che verso sera si chiude imprigionandoli per altre ventiquattr'ore.

Di nuovo si ripresenta l'inutile tempesta di spinte e calcioni, ma questa volta c'è una novità: i granuli di polline raccolti durante la precedente prigionia cadono sul talamo femminile. E così la mattina seguente il fiore si riapre e gli insetti si dileguano per finire vittime di un'altra trappola profumata.

Nel frattempo, però, accade un piccolo miracolo: il miracolo della vita. Il fiore appena visitato cambia sia il colore – che da bianco vira al rosso – sia il sesso – quindi da maschio si trasforma in femmina. Così, quando i granuli maschili appena deposti incontrano i pistilli femminili, la scintilla della fecondazione si accende, e con essa una nuova vita. A questo punto il fiore non ha più bisogno dei coleotteri e si chiude per l'ultima volta; si immerge nelle profondità delle acque tiepide e calme della foresta amazzonica e attende. Protetti dalla placida corrente, i semi maturano lentamente e diventano leggeri e impermeabili. Mamma pianta, al momento giusto, li affiderà all'acqua, che li trasporterà in un luogo adatto alla germinazione.

Qualche tempo dopo, una nuova *Victoria* crescerà per ripetere l'inganno ai danni dei poveri coleotteri.

Le figlie dei fiori

L'ape vive da tempo immemore con gli esseri umani, e proprio come loro si è sempre dovuta adeguare al clima dei posti in cui viveva, sviluppando dei caratteri che potremmo tranquillamente definire nazionali. Esistono così le api tedesche, quelle spagnole, quelle balcaniche, quelle italiane eccetera.

Un ricercatore russo ha voluto mettere alla prova la qualità impollinante delle varie sottospecie e ha basato il suo studio comparativo su una caratteristica in particolare: la "costanza fiorale", ossia la fedeltà nei confronti dei fiori. Il giorno è lungo, i fiori sono tanti, è mai possibile che le api non "tradiscano" mai il primo fiore incontrato alla mattina? Questa è la domanda di partenza del ricercatore.

Ebbene, mettendo a confronto le api tedesche, spagnole, balcaniche, francesi e italiane, ha scoperto qualcosa di sorprendente: le api tedesche, uniche nel loro genere, non trasgrediscono mai e rimangono quindi fedeli al primo fiore della mattina. Le altre possono, in qualche raro caso, virare durante il giorno verso fiori più attrattivi e più forniti di nettare. Ma quella che è l'eccezione per tutte le api, diventa la norma per una e una soltanto: l'ape italiana! Fedele allo stereotipo nazionale, quest'ape si distingue per il suo carattere permissivo e per la sua tendenza ad aggirare le regole... Un atteggiamento che non si manifesta solo nei confronti dei fiori, ma anche verso i propri simili.

Quando l'estate brucia e trasforma il prato fiorito in un groviglio di erbe secche, le api si trovano nei guai: i colori dei fiori sono scomparsi, così come i profumi. Ma, soprattutto, non si riesce a trovare neanche una gocciolina di nettare da trasformare in miele. Il problema diventa pressante, le scorte del miele calano inesorabilmente. Quando la situazione diventa davvero pericolosa, l'ape cade in tentazione: dagli alveari vicini si spande un aroma di dolcissimo miele già pronto. Come non desiderare di appropriarsene? Impossibile! Ecco allora che, da paladine della biodiversità, si trasformano in ladre incallite e si dirigono quindi verso le colonie limitrofe con la chiara intenzione di rubare il miele fresco.

Purtroppo, però, l'alveare è un sistema chiuso, un club esclusivo in cui è difficilissimo riuscire a entrare. L'ingresso dell'arnia è sempre presidiato dalle api guardiane, che controllano l'accesso e non lasciano mai passare le api di altre famiglie. L'unico modo per convincerle è ricordarsi che ognuno ha un prezzo, anche tra le api... Ciò che resta da capire è a quanto ammonta. Per questa ragione le intruse offrono alla guardiana una gocciolina di nettare o miele, con la chiara intenzione di corromperla. Alcune api guardiane accettano di buon grado la "bustarella", mentre altre non si lasciano abbindolare. Che ci sia una differenza tra le diverse nazionalità di provenienza? L'entomologo russo ha messo a confronto le diverse api anche su questo, e i risultati sono sorprendenti: al primo posto nella scala dell'integrità morale si posiziona la solita tedesca, la quale non accetta neanche una gocciolina di nettare e difende la colonia a dispetto del suo tornaconto personale. Poi arrivano le altre: la francese, la spagnola, la balcanica. In ultima posizione, quella che si lascia corrompere con una discreta facilità, la più individualista tra tutte le api: già, è proprio quella italiana, che accetta sempre di buon grado la bustarella e lascia passare le intruse senza farsi troppi scrupoli!

Com'è possibile che uno stereotipo culturale possa funzionare così bene per degli insetti? In realtà, questi comportamenti hanno una spiegazione biologica: quanto al tradimento, l'ape italiana può permettersi di "sfarfallare" di fiore in fiore perché, semplicemente, vive nell'abbondanza. Le specie di piante con fiori ricchi di nettare si trovano facilmente lungo tutto lo Stivale, per cui il libertinaggio non influisce sull'impollinazione: a fine giornata, tutti i fiori verranno comunque visitati e fecondati. I prati tedeschi sono meno generosi, com'è facile intuire, per via delle temperature rigide, per cui chi trova un buon partner floreale fa bene a tenerselo stretto!

Anche la tendenza a lasciarsi corrompere ha un significato scientifico: solitamente, gli alveari che vengono saccheggiati sono quelli più deboli, destinati a perire a causa della siccità estiva. Quindi, anche in questo caso, il danno è davvero limitato. Anzi, se guardiamo il fenomeno con uno sguardo più ampio esso può assumere le sembianze di un grande senso della comunità: il sacrificio di un alveare già debole consente la sopravvivenza di quelli più forti perpetuando la specie e proiettandola verso il futuro.

L'ape è un insetto originario dei tropici che si è adattato alla perfezione in Italia, penisola, tra l'altro, particolarmente ricca di fiori. Ecco perché le api sono decisamente più abbondanti in Italia rispetto alla Germania, ed ecco perché nel Sud dell'Europa ci si può permettere di perdere una famiglia a favore di un'altra più forte. Al Nord, il ronzio della api è meno numeroso e il lusso di perdere un alveare non è fattibile. Il comportamento diverso tra le api italiane e quelle tedesche viene spiegato quindi in termini evoluzionistici e non certo di virtuosismo etico e morale!

Lacrime di stelle e polvere di vento

A questo punto del nostro viaggio vale la pena di fermarsi a puntare lo sguardo sulla dolce sostanza per cui le api sono disposte a faticare, rubare, corrompere, sacrificarsi: il miele. Cosa è esattamente il miele? La risposta a questa domanda non è per nulla scontata: come nel caso della fotosintesi clorofilliana, anche qui gli esseri umani hanno faticato non poco per risolvere l'arcano.

La vera provenienza del miele è difficile da capire principalmente perché non si trova in natura: non è nei fiori, non è sulle foglie e nemmeno all'interno della pianta. L'unico posto in cui lo si può trovare con certezza è la città di cera delle api, l'alveare. Il primo essere umano a elaborare una teoria sulla sua provenienza è stato il grande filosofo greco Aristotele: se il miele non è una sostanza prodotta dalla terra – ragionava – allora deve per forza arrivare dal cielo! Da qui il soprannome di "nettare degli dèi": il dolce, paradisiaco miele non poteva che essere la loro pietanza preferita.

Aristotele passava le nottate a cercare nella volta stellata un indizio che potesse suggerirgli l'origine del nettare divino, e a un certo punto, finalmente, lo scorse: era lassù, senza dubbio, e arrivava proprio dalle stelle! Il filosofo aveva notato infatti che gli astri baluginavano, ed era chiaro, per lui, che quel luccichio fosse il sintomo del pianto delle stelle. Dove c'è pianto ci sono lacrime, ovviamente, ma, al contrario di quelle terrestri, le lacrime del cielo sono dolcissime. Dolci come il miele. Quindi, secondo Aristotele, le api, figlie del sole, di notte lasciavano l'alveare e si dirigevano nello spazio siderale, raccoglievano le lacrime di stelle, le trasportavano nell'alveare e, attraverso degli strani processi alchemici, le trasformavano in miele.

Questa fantasiosa teoria trovò qualche oppositore anche tra i pensatori antichi: il romano Plinio il Vecchio si chiedeva perché mai le stelle dovessero piangere e, non trovando alcun motivo, concluse che il balugінio doveva necessariamente essere associato a un altro fenomeno. Osservò allora che le stelle, anche se non piangevano, di certo non si nutrivano mai: qualcuno ha mai visto una stella mangiare? Certo che no. Dunque, egli stabilì che salivassero continuamente per via della fame. Ecco quindi trovata la soluzione: le api non raccoglievano le lacrime – le stelle stavano benissimo – ma la saliva degli astri affamati. Una bava di stelle dolcissima, che grazie alla loro sapienza veniva trasformata in miele.

Al filosofo e poeta Virgilio, quando lesse entrambe le teorie, venne da sorridere per l'ingenuità della visione degli antichi. Lui ne era certo: il miele non era affatto una sostanza del cielo, e le api lo fabbricavano a partire da qualcosa che si trovava lì, in mezzo agli uomini. Bisognava dunque mettersi alla ricerca di questa materia prima. Dopo aver viaggiato e indagato, finalmente Virgilio scovò la sua risposta: il miele si nascondeva tra le pieghe del vento. Il pensatore mantovano aveva notato che il vento, in particolare quello che spirava nel golfo di Napoli, era profumato e aveva un sentore di dattero con un tocco agrumato. Questo odore, a suo dire, proveniva dal suo sudore: andando di qua e di là, il vento doveva fare una gran fatica e traspirare a più non posso! Ovviamente le secrezioni corporee del vento non potevano puzzare come quelle degli uomini: egli, essendo il figlio del dio Eolo, profumava anche sotto sforzo. Le api, ronzando in mezzo alla brezza, distillavano questo dolce umore e quindi lo portavano nell'alveare dove (sempre seguendo dei misteriosi processi alchemici) lo trasformavano in miele, il cibo degli dèi!

Ovviamente, anche se Virgilio ci era andato leggermente più vicino, nessuno dei tre aveva ragione. Quindi: cosa è in realtà il miele? Dove lo prendono le api?

La risposta ormai la sappiamo: non è il sudore del vento, non è neanche la saliva o le lacrime delle stelle. Il materiale che le api prelevano in natura è il nettare, una sostanza zuccherina secreta da ghiandole chiamate "nettari" che si trovano alla base del calice dei fiori. Appena raccolto, viene immagazzinato in una borsa interna al corpo dell'ape, posizionata davanti allo stomaco e detta "borsa mellifera", cioè "portatrice di miele".

Quando la borsa è piena, l'ape bottinatrice fa ritorno all'alveare e dà inizio alla catena di montaggio: passa il nettare alla prima sorella che incontra, che a sua volta lo passa a un'altra e poi a un'altra, finché l'ultima non lo mette dentro il favo, nelle cellette esagonali che contraddistinguono l'architettura dell'alveare. La catena prevede il coinvolgimento di almeno cento sorelle, ognuna delle quali aggiunge qualche cosa e arricchisce il nettare con un enzima (che fa parte del gruppo delle diastasi, enzimi piuttosto comuni anche in molti semi) che renderà il futuro miele una sostanza indeperibile, cioè che non marcisce mai.

Attraverso il miele le api fanno rivivere la primavera in inverno: con esso scaldano il favo e si nutrono. Non possono certo permettergli di marcire, altrimenti come farebbe la famiglia a sostenersi durante i mesi in cui i fiori sono spariti dai prati? La prima cosa da fare, dunque, è adoperarsi per impedirglielo (e l'enzima serve proprio a questo). La seconda operazione consiste nel toglierli l'acqua, per risparmiare spazio e per bloccare pericolosi fenomeni fermentativi.

Ed eccolo qui, il "magico processo alchemico": durante la notte, tutte le api iniziano a sbattere le ali all'unisono, creando un vortice di aria calda e secca che si aggira per i corridoi dell'alveare, una specie di phon fai da te che riesce ad "asciugare" il nettare privandolo fino al 70% della sua acqua. Quando il tasso di umidità si stabilizza intorno al 18%, allora il miele è maturo e sarà cura di una delle sorelle del gruppo chiudere la celletta che lo contiene con un velo di cera.

Le chef dell'alveare

L'ape è sicuramente il migliore tra gli insetti impollinatori, anche se non è l'unica a offrire questo servizio. In mezzo ai fiori, infatti, si può osservare anche il variopinto volteggiare delle farfalle e la lugubre livrea delle mosche.

Queste ultime sono decisamente meno efficienti, perché raccolgono il nettare solo per se stesse (cioè lo consumano sul momento, come fossero al fast food) e non adottano la costanza fiorale: si posano su un fiore e poi, subito dopo, ne raggiungono un altro di una specie diversa, sprecando irrimediabilmente il polline raccolto. Ci sono anche alcuni maschi di zanzara capaci di impollinare certi fiori che si aprono soltanto di notte (perfetti, dunque, per il loro stile di vita).

Cosa li distingue? Tutti portano il polline, ma solo uno riesce a fare il miele.

Il miele è una sorta di interpretazione della natura da parte dell'ape, un caso singolare tra le storie del cerchio della vita. Gli organismi viventi, infatti, consumano i doni della natura così come sono, senza processarli. La mucca, per esempio, bruca l'erba e non la trasforma in "insalata", come fanno invece gli esseri umani. Il leone mangia la carne prelevandola direttamente dalla sua preda, mica la abbrustolisce su una griglia bollente.

Gli unici organismi che interpretano i prodotti della natura e li trasformano in base alla loro visione del mondo sono le api e gli esseri umani. Ecco perché ogni società umana ha la sua cucina tipica: ognuno vede il mondo in modo diverso, da cui derivano piatti variegati.

La stessa cosa fa l'ape, che converte la materia prima in qualcosa di peculiare e completamente innovativo. Non solo: ognuna delle sottospecie di ape "cucina" il nettare in modo diverso, ed esiste perfino una scala di capacità. In altre parole, alcune sottospecie producono un miele migliore delle altre.

Chi, tra tutte le api, è la chef più brava? La risposta è ovviamente scontata: è l'ape italiana! Questo insetto biondo (cioè più giallo rispetto alle altre sottospecie) e particolarmente docile è così bravo a trasformare il nettare in miele che di fatto tutte le api del mondo sono italiane: tutti le vogliono perché sono miti e lavoratrici e perché producono il miele migliore al mondo. Quindi, attualmente, al fianco dei ristoranti che sfornano pizze, paste di vari gusti e tante altre leccornie preparate da chef a due zampe, ronzano laboriosi anche questi piccoli cuochi a sei zampe, che con le loro pietanze rendono il pianeta un luogo più buono e profumato.

Formiche tossicodipendenti

Abbiamo seguito gli impollinatori di mezzo mondo, ne abbiamo appreso le debolezze e le strategie, abbiamo perfino assistito al magico procedimento che trasforma il nettare dei fiori in quello degli dèi. Torniamo adesso, insieme al nostro raggio di sole, sul sentiero principale: nel cerchio della vita, le piante hanno ancora molte cose da insegnarci.

Mentre alcuni vegetali cercano di risolvere il problema dell'immobilità attirando il più possibile l'attenzione su di sé (l'abbiamo visto con i fiori), altri, meno amanti della compagnia, preferiscono fare una "selezione all'ingresso" e allontanare le presenze sgradite, in modo da circondarsi solo di creature scelte.

Un esempio interessante si può trovare nella foresta amazzonica, dove gli alberi sono così fitti da formare, con le loro chiome, una barriera compatta di rami intricati. Sono pochi i raggi di sole che riescono a superare questo muro verde e a toccare terra: nel regno tropicale della luce, la foresta è immersa in una perenne semioscurità.

Nonostante la scarsità di fonti luminose, la foresta amazzonica è uno dei luoghi con la più alta biodiversità al mondo, e lo dimostra il fatto che, oltre ai rami, anche il numero di animali presente al suo interno è fittissimo, tanto che la competizione per il cibo è alle stelle.

Eppure, nel cuore della selva tropicale, esistono delle isole dalle quali la vita è tenuta fuori, delle radure in cui la biodiversità è scarsa e cresce rigogliosa una pianta soltanto. Questo vegetale riesce a vincere la battaglia per la vita grazie a una simbiosi davvero particolare: quella con il diavolo.

Secondo la credenza degli uomini che abitano in Amazzonia, infatti, il diavolo non sopporta la biodiversità e la ricchezza della vita: naturale, quindi, che al caotico, coloratissimo mondo della foresta preferisce la quiete mortifera di queste radure, chiamate, non a caso, *jardines del diablo*. A fargli compagnia c'è soltanto una pianta, la sua preferita, l'unica in grado di crescere nel suo giardino: l'erba del diavolo, che, sempre secondo le credenze degli indigeni, Belzebù coltiverebbe con grande pazienza e dedizione.

In realtà anche qui, come nel caso di Salem, il diavolo non c'entra nulla, perché è stata proprio la pianta a creare un sistema per contrastare la costante competizione della foresta.

L'erba del diavolo appartiene al grande gruppo delle acacie e dispone di alcune spine piuttosto grandi e cave. Al loro interno, sono presenti delle ghiandole – chiamate "nettari extrafiorali" – da cui sgorga costantemente una fontana di nettare dolcissimo. Inoltre, la spina presenta sulla sommità un piccolo foro, che lascia uscire un buon profumo di nettare da spandere nell'aria circostante.

Ora, bisogna considerare che uno dei popoli più numerosi del circondario è quello delle formiche. Naturale, con tutto questo armamentario di seduzione, che esse non resistano all'invito profumato e decidano di entrare nella camera dei desideri. Naturale anche che decidano di stabilirvisi, dal momento che l'erba del diavolo è un vero e proprio paradiso, che offre ai suoi ospiti cibo, protezione e alloggio.

Ma nel cerchio della vita tutto costa fatica ed è problematico – figurarsi nel giardino di Belzebù! Le formiche non possono starsene tranquille a succhiare il nettare senza fare nulla, così di giorno escono dal loro rifugio e si avventurano per il giardino del diavolo. Mentre camminano, capita che incontrino il seme di una pianta estranea, e a quel punto, senza pensarci due volte, con le loro possenti mandibole lo masticano fino a ridurlo in brandelli. Ecco perché in queste radure si trova solo e soltanto la pianta del diavolo: tutte le altre, semplicemente, non possono germinare poiché vengono eliminate dalla grande armata delle formiche.

A prima vista si tratta di una simbiosi perfetta, in cui la pianta fornisce il vitto e l'alloggio e le formiche ricambiano con la distruzione delle potenziali competitrici. Ovviamente le cose non sono così semplici e, se è vero che l'erba del diavolo è molto generosa con le sue inquiline, è altrettanto vero che essa possiede un aspetto decisamente demoniaco. Il nettare che sgorga dalle sue spine, infatti, non è puro, ma miscelato con degli alcaloidi, delle droghe che rendono dipendenti le formiche. Questi insetti, dunque, sono legati per sempre alla pianta, che per convenienza li ha scelti come unici compagni di vita e li ha resi dei tossicodipendenti a tutti gli effetti. Se solo osano ribellarsi e tornare nella loro foresta, una crisi di astinenza assale le formiche e le costringe a far ritorno alla pianta manipolatrice.

Quello che funziona in Amazzonia può andare bene, con qualche variante, anche in altre zone. Se ci spostiamo lungo il cerchio della vita e ci dirigiamo nel grande continente africano, possiamo scorgere un fenomeno molto simile. Qui i raggi di sole piovono generosi, illuminando e nutrendo gli organismi viventi e le cose incredibili che accadono intorno a loro.

Una di queste è legata alla pianta di acacia, un alberello che cresce nella savana e che è molto simile all'erba del diavolo, dal momento che anche lui sfrutta le formiche come sistema difensivo. I rami delle acacie africane sono costellati da grandi spine cave provviste di nettari e anche qui, come in Sud America, vivono intere colonie di formiche.

Nella savana però il nemico non è rappresentato dalle altre piante: in queste terre aride sono pochi i vegetali in grado di sopravvivere, il sole è troppo forte e l'acqua troppo poca. Le acacie, insieme ad alcune erbe, si accaparrano di fatto tutto il sole dell'Africa.

I nemici che si aggirano per le sterminate pianure riarse dal sole sono invece i grandi erbivori, capaci di ingerire con un sol boccone enormi quantità di vegetali. Il rimedio però è lo stesso: a contrastare l'appetito di una giraffa o di un elefante, ci pensano sempre loro. Le formiche.

Quando uno di questi erbivori si avvicina, la squadra di formiche abbandona la placida vita all'interno della spina e si dirige verso il nemico. Sono tante e coraggiose, e non si lasciano spaventare dalle dimensioni del mammifero; si lanciano all'attacco e puntano direttamente al tallone di Achille dell'avversario – cioè il naso. Esse, infatti, entrano numerose all'interno delle cavità nasali del quadrupede di turno, addentando le sue tenere mucose. L'invasore, colpito nel suo punto debole, è costretto alla ritirata – accompagnata da un concerto di starnuti.

Il cipresso senza mamma

Abbiamo visto, osservando il processo di impollinazione, che i fiori, per riprodursi, hanno bisogno di un organo sessuale maschile e di uno femminile. Alcuni riescono a fare le veci di entrambi, adattandosi alle occasioni, ma la sostanza resta invariata: l'omosessualità, nelle piante, è una faccenda rara (a differenza degli animali, che invece offrono molti esempi in proposito), e altrettanto rara è la possibilità di riprodursi senza l'ausilio di un partner.

Ci sono però alcuni abitanti del pianeta Terra che hanno solo un genitore – e questo genitore solitamente è la madre. Ciò non significa che il padre è fuggito, o morto, o sconosciuto: significa proprio che non l'hanno mai avuto. Nel XVII secolo, un gruppo di scienziati formulò la bizzarra ipotesi che in natura potesse avvenire anche il contrario, cioè che potessero esistere creature che non hanno mai avuto la madre e hanno solamente il padre. Leggenda o realtà?

Lo scienziato olandese Nicolaas Hartsoeker, poco prima dell'avvento del secolo dei Lumi, studiò a lungo gli spermatozoi umani al microscopio e, nel farlo, gli parve di notare la presenza di un piccolo umano rannicchiato all'interno della testa della cellula sessuale. Questo *homunculus*, come successivamente lo denominò, venne anche disegnato dallo stesso Hartsoeker, il quale si convinse che la sua esistenza dipendesse unicamente dall'elemento maschile: la cellula uovo femminile non era altro che un luogo sicuro pronto ad accogliere l'*homunculus* per nutrirlo e proteggerlo, generando infine un nuovo individuo. In altre parole, il padre era l'unico genitore, la madre forniva un riparo di grande qualità ma non partecipava alla formazione del neonato.

Questa teoria venne denominata "spermismo" e, ovviamente, è falsa: gli esseri viventi sono il frutto dell'unione di entrambe le cellule sessuali – in rari casi, della sola cellula femminile.

Nel groviglio di esseri viventi e di infinite soluzioni che la vita si è inventata per risolvere i problemi ambientali, esiste però anche un essere spermista, uno soltanto su tutto il pianeta. Parliamo del cipresso del deserto del Sahara, un albero che viene generato proprio come aveva ipotizzato Hartsoeker: il granulo pollinico (maschile) entra nella cellula uovo con un nuovo alberello già *in nuce*, che da lei viene semplicemente nutrito. La cosa però non funziona granché, tant'è che si tratta di una strategia che viene adottata unicamente da questa pianta – la quale, tra l'altro, non se la passa per nulla bene: a oggi esistono solo 230 esemplari di cipresso del Sahara; ogni pianta produce pochissimi semi, la maggior parte dei quali completamente sterili. Lo spermismo è quindi destinato a scomparire molto presto.

Migrazioni grandi e piccole

Una famiglia ristretta come quella del cipresso africano non è certo l'ideale, ma anche i semi normali, quelli generati dall'unione tra un gamete maschile e uno femminile, hanno i loro problemi. Uno dei più gravi riguarda proprio la famiglia: la competizione alimentare con la madre e con i fratelli può essere spietata per un piccolo seme. Capita spesso che non ci sia nutrimento sufficiente per tutti, e che ci si debba sfidare tra parenti per sopravvivere. C'è poi sempre la solita difficoltà: l'immobilità. Lasciare il nido e andare per la propria strada sembrerebbe la soluzione più semplice, ma come fare per allontanarsi, quando non si hanno gambe per correre via? Ecco perché spesso i semi adottano delle strategie per allontanarsi dal luogo in cui sono cresciuti. La fame che pervade tutti gli esseri viventi li costringe alla ricerca perenne di nuovi territori e risorse da sfruttare.

Sulla Terra sono molti gli organismi che migrano e, spostandosi in massa, tentano di placare i loro bisogni. Ma, se è facile osservare le rondini che a fine estate lasciano l'Europa e si dirigono verso l'Africa, e se è ancora più semplice vedere mandrie di bufali africani che galoppano in cerca di acqua, è invece molto difficile notare la migrazione delle piante. Eppure, esse si spostano, esattamente come tanti altri esseri viventi (inclusi gli uomini!) e sempre per il medesimo motivo: sopravvivere.

Il pianeta Terra ha conosciuto dei periodi di grande freddo nei quali la morsa del ghiaccio si è impossessata di vasti territori. Ma, così come è arrivato, il gelo se ne è andato e, man mano che il ghiaccio si ritirava, le foreste colonizzavano i territori liberati dal calore del sole. Con un sincronismo perfetto, l'onda bianca si riduceva e la massa verde si espandeva.

Questa colonizzazione costante e lentissima di terre sempre nuove è proprio la prova del fatto che le piante, in effetti, si muovono. Ovviamente non lo fanno con le gambe, e non usano nemmeno le ali. Come fanno, allora? Prendiamoci un po' di tempo in questo nostro viaggio attraverso il cerchio della vita e osserviamo qualche strategia di movimento tipica del mondo vegetale.

Iniziamo dalle semplici piante erbacee che ricoprono tutte le radure. Quando la primavera ha esaurito il suo carico di energia, il sole dell'estate splende alto nel cielo e la calura si impossessa delle lunghe giornate, allora è arrivato il momento della maturazione delle graminacee, uno dei principali abitanti dei prati.

I frutti secchi delle graminacee sono coperti da foglie chiamate "glume" o "glumelle" e, nella parte superiore, si staglia una struttura (spesso zigrinata) simile per forma a una freccia appuntita, che prende il nome di "arista". È proprio lei lo strumento che permette ai semi di conquistare nuovi spazi. Come? È presto detto. Prima di tutto si aggrappa al vello o alle penne dei numerosi animali che si aggirano per il prato; a dorso di animale, i semi si allontanano dalla pianta madre alla volta di nuove radure, che riempiono con i loro lunghi steli verdi.

Evitare la competizione alimentare è solo una parte della soluzione del problema, la seconda consiste nell'intrufolarsi tra gli angoli oscuri delle zolle di terra per cercare le condizioni di germinazione perfette. Le ariste giocano un ruolo fondamentale anche in questo caso, visto che sono igroscopiche, cioè capaci di assorbire l'umidità dell'aria. In pratica, queste frecce vegetali si gonfiano e sgonfiano a seconda della quantità di acqua presente nell'atmosfera, un cambio di dimensione lento ma inesorabile che permette di allargare le crepe del terreno e di infilarcisi dentro, conquistando preziosi centimetri di profondità. Una volta raggiunta l'oscurità, i semi si trovano nelle condizioni perfette per germinare: quando la pianta nuova verrà alla luce, potrà anche lei conquistare la sua fetta di cielo.

Anche altre piante usano l'umidità per spostarsi. Il frutto del ricino è una capsula contenente dei semi, ed è formata da varie parti, ognuna delle quali ha una igroscopicità differente. Durante le ore più calde, alcune zone perdono più acqua rispetto alle altre, creando delle forti tensioni all'interno del frutto. I conflitti interni sfociano in una brusca e potente rottura del frutto stesso: quando il ricino è maturo, si può udire un vero e proprio scoppiettio provocato dall'esplosione delle capsule (in casi simili, come quello della pianta *Hura crepitans*, il rumore è talmente forte da assomigliare a un colpo di rivoltella). Grazie a questa detonazione, i semi vengono lanciati distanti dalla pianta madre.

Un altro sistema di dispersione del seme, utilizzato da tante piante, è volare con il vento. I vegetali dotano i propri semi o frutti di strutture simili ad ali (chiamate "pappi") in grado di raccogliere la brezza e quindi allontanarsi dalla pianta madre. Il tarassaco, chiamato anche "soffione dei prati", è forse la pianta più conosciuta a utilizzare questo mezzo di trasporto. I suoi semi possono viaggiare anche per centinaia di metri ondeggiando nell'aria con il loro piccolo paracadute.

Un caso singolare è rappresentato dal tarassaco delle Hawaii, il cui pappo è talmente piccolo da consentire solo degli spostamenti minimi. Ancor più strano se si pensa che i suoi progenitori, invece, possedevano un pappo talmente grande che gli permise di attraversare l'oceano Pacifico raggiungendo l'arcipelago hawaiano dall'America – sospinti, molto probabilmente, da forti venti di tempesta.

In genere i parenti si assomigliano, almeno per alcuni tratti. Come mai la progenie e gli antenati sono così diversi? La risposta risiede nel pragmatismo della natura, che premia solo le soluzioni che funzionano: la medesima caratteristica può essere perfetta in un contesto, ma disastrosa in un altro. Ed è esattamente quello che è successo con il soffione delle Hawaii.

Il grande organo di volo dei tarassachi continentali

permette di coprire vaste distanze: in un continente come l'America questo è un bel vantaggio, dato che i semi hanno a disposizione un territorio sterminato. In un contesto del genere, la natura premia quindi chi ha il pappo più grande e che può spingersi sempre più in là per conquistarsi un nuovo spazio.

Arrivati sull'isola, però, quello che era un vantaggio diventa un limite: i semi provvisti di un ampio organo di volo tendono a strafare e a finire in mezzo al mare. In un'isola è meglio stare dalla parte dei bottoni e rimanere nei pressi della pianta madre, per essere sicuri di trovare del terreno – e non dell'acqua salata – in cui affondare solide radici e edificare lo stelo verso il cielo.

Volo in business class

Che il paracadute sia grande o piccolo, il vento per la disseminazione non è particolarmente fruttuoso, perché non svolazza dove gli pare e piace (il vento, si sa, non si può fermare, né tantomeno comandare) e finisce con l'essere poco preciso. Meglio affidarsi a qualche altro vettore, che sia più efficiente nel percorrere tanti chilometri e nel lasciare il seme in un luogo adatto alla sua germinazione.

Così come i fiori cercano di attirare le api, perché sanno che non ci sono impollinatori migliori in circolazione, allo stesso modo i semi o i frutti si conformano per richiamare i migliori disseminatori che si aggirano per il cerchio della vita: gli uccelli. La differenza tra vento e uccelli, per capirsi, è la stessa che c'è tra un aereo monoposto ultraleggero – poco sicuro, perché notevolmente esposto alle intemperie – e un volo in business class.

I vantaggi dei volatili sono molteplici: sono piccoli (quindi il loro singolo pasto non è particolarmente abbondante), ma hanno bisogno di tanta energia per volare e pertanto mangiano spesso. Soprattutto, volano lontano. Sono quindi capaci di trasportare velocemente i semi da un capo all'altro della Terra.

Per consegnare i propri figli agli uccelli, le piante si sono inventate una strategia analoga a quella per attirare le api: hanno frutti colorati e profumati, provvisti di una ricompensa zuccherina per i disseminatori. Il mondo percettivo dei vertebrati è però molto diverso da quello degli insetti, e per questo i frutti hanno colori, profumi, forme e zuccheri tanto differenti. Per esempio, l'occhio degli uccelli è sensibile a tantissimi colori, ma tra tutti predilige il rosso. Così, la maggior parte dei frutti tinge la propria buccia di questo colore. Inoltre, amano le forme tonde – che, tra l'altro, sono più semplici da ingerire – e infatti la maggior parte dei frutti sono proprio di questa forma, profumati e saporiti come piace agli uccelli.

I frutti, è ovvio, non sono altro che il dolce involucro nel quale sono custoditi i semi. Mangiandoli, gli uccelli prendono a bordo i semi per poi "scaricarli" lontano dalla pianta madre (insieme a una buona dose di concime naturale!). Non a caso, per assecondare e agevolare l'espulsione, molti frutti hanno la polpa lassativa.

La vita è ricca di fascino, ma pure di problemi, e i vegetali non devono sprecare risorse inutilmente. La maggior parte dei frutti acerbi aspetta a mostrare gli splendidi colori che attirano gli uccelli: essi rimangono verdi per due motivi: continuare a nutrirsi grazie alla fotosintesi clorofilliana e nascondersi in mezzo alle foglie. Per essere ancora più sicuri, i frutti acerbi sono infarciti di sostanze che gli conferiscono un gusto sgradevole (non solo per gli uccelli: anche noi uomini ci accorgiamo della differenza). Tra le sostanze più utilizzate per tale scopo ci sono i tannini, dei composti che rendono il frutto indigeribile e disgustoso.

Grazie a questi accorgimenti, tutto procede per il verso giusto: l'ovulo e il polline, fusi insieme, crescono e si trasformano in seme, mentre parte del fiore si riempie di sostanze nutritive e matura in un frutto appetitoso. A quel punto, presto, stormi di uccelli o branchi di mammiferi sono pronti a ingurgitarli e depositarli nel loro apparato digerente. Qui però compare un nuovo problema: lo stomaco è un luogo piuttosto acido, tanto che, se digerisse i semi assieme alla polpa, rischierebbe di comprometterli e vanificare tutto il lavoro svolto dalla pianta.

La storia lunghissima della natura ha trovato qualche rimedio a questo inconveniente, tra cui quello adottato da frutti come la ciliegia e la pesca: esse costruiscono attorno al seme un involucro di legno molto duro, che risulta indigeribile dagli animali. Altra soluzione è quella di produrre una grandissima quantità di semi, talmente tanti che il tubo digerente non è in grado di processarli tutti e quindi, alla fine, sarà costretto a depositarli da qualche parte. Le more, le fragole, l'uva sono solo alcuni tra i vari frutti a usare questo sistema di dispersione.

Frutta di stagione

Lo scambio di favori tra i volatili e le piante è una pratica molto antica, e nel corso dei secoli è diventata sempre più raffinata. Un esempio interessante riguarda la cosiddetta "frutta di stagione": non è un mistero che la frutta estiva sia mediamente molto più dolce di quella invernale, ma forse non tutti sanno che questa differenza è legata a doppio filo alla dieta degli uccelli.

In primavera e in estate i volatili hanno bisogno di parecchia energia: è il tempo dell'amore, della covatura e dell'accudimento dei pulcini e per affrontarlo serve un'alimentazione davvero nutriente. Le piante allora, per ripagare il loro posto in business class, si adattano a queste esigenze: i frutti tipici delle stagioni calde sono ricchi di zucchero, acqua e sali minerali.

In autunno invece la situazione cambia: l'esigenza degli uccelli adesso è allontanarsi in fretta dall'inverno e dalla sua coltre gelata. Vincere la gravità e librarsi in cielo è difficile se si è in sovrappeso; per questo i volatili hanno bisogno di mantenersi leggeri: un corpo piccolo vola più veloce ed è perfetto per scappare verso luoghi più caldi e ospitali.

Ed è proprio dagli uccelli migratori che ci arriva un altro esempio del sodalizio tra vegetali e volatili. Gli uccelli europei, con l'arrivo dell'autunno, viaggiano verso sud per raggiungere l'Africa. Però, tra il dire e il fare c'è di mezzo il mare e, nel caso specifico, si tratta del mar Mediterraneo. Così, prima di partire, si radunano lungo le coste dell'Europa meridionale, dove cercano cibo per affrontare la traversata: nel deserto azzurro non c'è cibo, e neppure aree di sosta in cui riposare. Servono dunque alimenti molto calorici, in grado di rilasciare la loro energia lentamente per permettere di sostenere il corpo nell'incredibile impresa del volo. Ebbene, il sistema della natura ha generosamente posizionato lungo le coste mediterranee una pianta utile a risolvere il problema: l'olivo.

Quest'albero matura i suoi frutti proprio nel periodo dell'anno in cui gli uccelli si radunano sulla costa. Il suo frutto è piccolo, tondo, facilissimo da mandar giù. Ma c'è dell'altro: la sua polpa contiene poca acqua (in questa stagione non ce n'è tanto bisogno come in estate) e molti grassi (che, guarda caso, sono assai calorici e rilasciano la loro energia con oculata lentezza).

Il tornaconto dell'olivo è evidente: prima di partire, gli uccelli fanno incetta dei suoi frutti, incamerano preziosi grassi e si rafforzano abbastanza da affrontare il viaggio, durante il quale trasporteranno i semi dall'altra parte del Mediterraneo.

I mesi passano, l'inverno è lontano e gli uccelli si godono l'eterna primavera dell'Africa. La Terra nel contempo gira, il ghiaccio si ritira e le ore di luce si allungano: tutte condizioni perfette per l'allevamento dei pulcini. Per gli uccelli è tempo di tornare a casa e attraversare nuovamente il mare. Ed ecco che il problema si ripropone: come affrontare un viaggio così lungo senza fermarsi e rifocillarsi?

La risposta è semplicissima: mesi prima, dopo la lunga traversata, i migratori sono arrivati a destinazione e a quel punto, forse per la grande gioia di avercela fatta, hanno liberato il loro intestino proprio lì, sulle sponde rocciose. Gli escrementi, ricchi di semi duri, fanno germinare nuove piante, che mettono radici e sono in grado di elargire frutti ricchi di olii nutrienti.

La cosa sorprendente è che, pur trattandosi di semi della stessa pianta, questi olivi hanno tempi di fruttificazione diversi da quelli dei loro parenti europei. Le differenti condizioni di temperatura e di luce su questa sponda del Mediterraneo fanno sì che le loro olive non arrivino in autunno, ma verso la fine dell'inverno... Cioè nel periodo perfetto per rifocillare gli uccelli prima del viaggio di ritorno!

Se nel mondo degli uomini le due sponde del Mediterraneo sono teatro di scontri, drammi e contrasti, in natura il dialogo tra di loro è tenuto in vita dalle storie degli uccelli, sempre in fuga dall'inverno e in cerca dell'amore.

Lo zibetto del caffè

Esistono anche altre soluzioni per permettere ai semi di allontanarsi dalla pianta madre – e alcune sono talmente efficaci che gli esseri umani hanno deciso di approfittarne.

La storia che andremo a raccontare adesso coinvolge infatti organismi di ogni risma: vegetali, animali, uomini (e, ovviamente, il nostro raggio di sole). Protagonista è una bevanda tra le più antiche e popolari al mondo: il caffè. Lo abbiamo già incontrato lungo il nostro viaggio, in veste di pianta madre oculata e protettiva. Il fatto però è che la natura, quando subentra l'uomo, deve sempre un po' rimescolare le carte in tavola e rivedere anche le abitudini più antiche.

Nel caso del caffè, quel momento è arrivato quando gli uomini hanno provato a ricavare una bevanda dalle sue foglie che facevano bollire nell'acqua, come si fa con il tè. Poi scoprirono che si poteva fare di meglio: tostando, macinando e miscelando con acqua bollente i semi, si otteneva una bibita ancora più buona. Come se non bastasse, l'anidride carbonica sprigionata dalla tostatura, salendo in superficie, si fondeva con il caffè, donandogli una nota di sapore tutta particolare. Cosa volere di più?

Niente, e infatti gli esseri umani di tutto il mondo si innamorarono del caffè e del suo gusto allettante. Intorno al XV secolo dal porto di Mokha, nello Yemen, centinaia di piante si imbarcarono verso tutti i luoghi tropicali della Terra.

La richiesta di caffè era così alta che la coltivazione della pianta venne largamente estesa. Per fare spazio alle nuove piante, in tutte le zone a ridosso dei tropici vennero tagliati chilometri di foreste. Nel Sudest asiatico, in particolare, la situazione divenne piuttosto grave: gli animali che si nutrivano dei frutti delle palme (presenti in gran numero a quelle latitudini) ovviamente si videro all'improvviso privati di cibo e morirono come mosche. Una vera e propria strage degli innocenti – gli alberi da una parte, gli animali dall'altra.

Non tutti, però! Lo zibetto delle palme, un mammifero molto simile alla mangusta, per sopravvivere cercò di adattarsi alla nuova situazione. L'unico modo per farlo era cambiare dieta, e così fece: al posto dei datteri, cominciò ad avventarsi sui frutti del caffè.

A soffrire questa volta furono gli agricoltori, che naturalmente dichiararono guerra al piccolo zibetto cercando con ogni mezzo di placare la sua brama di frutti. Ma lui vinse sia le battaglie sia la guerra, perché agiva sempre di notte e, mimetizzato dalla sua pelliccia scura, riusciva a non farsi mai beccare.

A quel punto, la coltivazione del caffè nel Sudest asiatico era drasticamente compromessa. Per gli esseri umani l'unico modo di salvare il salvabile era prendere esempio dallo zibetto: bisognava adattarsi, cambiare strategia. E così fecero: avevano notato che il piccolo animale digeriva egregiamente la polpa del frutto, ma lasciava integro il seme. I semi, quindi, entravano insieme al frutto e uscivano dal lato opposto, di fatto indenni.

Messi alle strette, gli esseri umani iniziarono a recuperare i semi del caffè dagli escrementi degli zibetti. La cosa, in realtà, risultava piuttosto semplice, perché lo zibetto usa i suoi scarti per delimitare il proprio territorio ed è abituato a depositarli sempre nello stesso posto. Quindi gli agricoltori si misero a studiare la sua routine digestiva; ogni mattina, facevano un giro per la campagna e raccoglievano i semi: una bella lavata, una poderosa tostatura e nessuno si sarebbe accorto della piccola "deviazione".

Gli assaggiatori, invece, se ne accorsero eccome! Il sapore della bevanda ottenuta da questi semi era diverso: rotondo, delicato, completamente privo di amaro. Insomma, la qualità era di gran lunga migliorata. Suggestione? No, realtà: gli enzimi digestivi dello zibetto non riescono a intaccare il seme, ma distruggono la membrana che lo ricopre. Ed è proprio questa parte a rendere il caffè più amaro e leggermente acido. Togliendola, rimane solo la parte migliore. Ma c'è di più: lo zibetto, infatti, è esigente in fatto di gusti e non mangia tutto quello che si trova davanti. Applica invece una selezione ponderata, scegliendo solo i frutti perfettamente maturi. I semi contenuti in questi frutti sono quindi nella fase ottimale, quella che serve per produrre un caffè di altissima qualità. Quindi, lo zibetto seleziona i semi migliori di un campo, dimostrandosi in questo molto più abile dell'agricoltore!

Da scarto, dunque, il caffè dello zibetto è diventato ricercatissimo, con un prezzo di mercato che può arrivare anche a dieci volte quello "normale".

La famiglia degli zibetti è piuttosto diffusa nel mondo. Un lontano cugino, per esempio, risiede in Perù, altro Paese in cui la coltivazione del caffè è ormai molto praticata. Questo animaletto, chiamato dai locali *mishasho*, non solo sceglie e digerisce i semi del caffè esattamente come il suo parente asiatico, ma fa addirittura di più: insieme ai frutti del caffè, ingerisce anche quelli di varie piante tropicali. Cosa significa? In pratica, nello stomaco del *mishasho* si forma una sorta di macedonia di frutta tropicale, che donerà al chicco di caffè degli aromi davvero speciali!

È questo il bello, quando si viaggia attraverso il cerchio della vita: le sorprese non finiscono mai. Talvolta le situazioni si complicano in maniera inaspettata; in altre occasioni, invece, dei problemi apparentemente intricati vengono risolti in modo tanto inatteso quanto lineare ed elegante.

Un esempio importante ci arriva dalla grande quercia, l'albero che si impone con i suoi immensi tronchi in tutti i continenti del mondo. Anche lei, al pari dei suoi simili, non è né buona né cattiva, né vittima né carnefice, ma un po' tutte e due le cose. Anche lei ha dei problemi, come tutti, e li risolve creativamente.

Il frutto della quercia, lo sappiamo, è la ghianda. Di forma cilindrica, è rivestita parzialmente da una cupola che ricopre, di norma, un singolo seme, particolarmente ricco di carboidrati. I carboidrati, anche questo lo sappiamo, non sono altro che zuccheri: ecco allora che un numero imprecisato di animali si affanna a cercare, sgranocchiare, stoccare questi piccoli doni. Scoiattoli, topi, ghiandaie e tanti altri uccelli basano la propria alimentazione sul frutto della quercia.

A prima vista, potremmo pensare si tratti di una predazione bella e buona e che per la quercia avere frutti così appetitosi sia in realtà uno svantaggio. Ma ormai abbiamo percorso un bel pezzo di strada nel cerchio della vita, e abbiamo visto come le piante siano in grado di adoperarsi per ottenere ciò che vogliono. Dunque non dovrebbe stupirci scoprire che la predazione apparente è al contrario una strategia della pianta per allontanare da sé i propri figli e disperdere i propri semi.

I frutti della quercia, infatti, maturano in autunno, quando gli animali si apprestano al letargo invernale. In questo periodo la raccolta è frenetica: tutti vogliono stoccare il maggior numero di semi per consumarli in primavera, al loro risveglio. Il freddo dell'inverno, però, è feroce e la sua falce bianca e tagliente miete numerose vittime. In primavera, quindi, molte ghiande restano incustodite e, al posto di denti e becchi pronti a divorarle, incontrano il benevolo sole che scalda e illumina la foresta. Temperatura gradevole, acqua e terreno sono le condizioni ideali per germinare e dare vita a una nuova pianta lontano dalla madre.

Il cerchio della vita però va avanti da miliardi di anni e, in questo lunghissimo lasso di tempo, ha trovato il modo di intricarsi, articolarsi e tessere trame sempre più complesse. La vita della foresta non è così lineare e semplice, e la quercia non è l'unica a preoccuparsi della sopravvivenza della sua progenie. Alcuni topolini hanno messo a punto una strategia per non permettere ai semi di germinare: con i loro denti, cercano il punto preciso in cui il frutto nasconde il seme; poi lo sgranocchiano proprio lì, uccidendo la pianta in potenza ma mantenendo integro il frutto, che resta così disponibile per la primavera futura. Gli unici che potranno consumarlo, a quel punto, saranno proprio loro, i topolini – oppure, se loro dovessero cadere vittime del "generale bianco", i loro simili.

Con il passare del tempo, i semi della quercia hanno imparato a difendersi spostando il germoglio in un punto irraggiungibile dagli incisivi affilati dei topi. Ma ci sono anche altri animali che minacciano la sua sopravvivenza, animali che non sono nemmeno in grado di rendersi utili trasportando i semi lontano dalla pianta madre. Come difendersi da questi ultimi? Come fanno tantissime altre piante: con i tannini, sostanze che selezionano all'ingresso chi è autorizzato a mangiare le ghiande e chi no. Noi esseri umani, per esempio, siamo nella lista nera: se provassimo a mangiare le ghiande ci verrebbe un mal di pancia terribile.

Ma, come sempre, per ogni problema c'è almeno una soluzione, e alla creatività della natura dobbiamo aggiungere quella degli uomini. Gli antichi abitanti delle Americhe avevano trovato un metodo per ingerire le ghiande senza problemi: dopo averle raccolte, le seppellivano in prossimità dei ruscelli. La mancanza di ossigeno, unita al continuo passaggio dell'acqua, le lavava fino a eliminare la parte tanninica. Resi puri e commestibili, i frutti venivano quindi macinati, e con la farina ottenuta si preparavano gustose pietanze!

Un errore madornale

Lo zampino del genere umano in natura è un fattore di grande rischio e imprevedibilità: certe volte noi uomini ci limitiamo a escogitare un modo per mangiare le ghiande senza fare indigestione, certe altre, invece, combiniamo dei disastri incredibili.

Uno dei più clamorosi ci porta indietro nel tempo, più precisamente nel 1868, a Medford, una piccola città situata pochi chilometri a nord di Boston, nel Massachusetts. Qui si era appena trasferito dalla natia Francia il pittore Étienne Léopold Trouvelot, il quale, oltre ai colori e all'arte, amava moltissimo l'entomologia. Mentre i suoi quadri non rivoluzionarono il mondo artistico (sono in pochi, infatti, a ricordare il suo nome), la sua dedizione nei confronti degli insetti cambiò radicalmente il paesaggio americano.

Tutto partì da un'idea balzana: studiando i bachi da seta, la cui alimentazione è costituita principalmente da foglie, Trouvelot si era messo in testa di sfruttare l'abbondante fogliame delle foreste del Nord degli Stati Uniti per ottenere della raffinata seta. C'è un problema, però: il baco da seta ha gusti molto specifici e non accetta di nutrirsi con foglie qualsiasi, ma solo con quelle del gelso. Le foreste americane, invece, sono in gran parte composte da altre latifoglie, tra cui la nostra cara quercia.

Il pittore non si lasciò scoraggiare da questo inconveniente ed escogitò una soluzione: avrebbe ibridato il *Bombix mori* (il nome scientifico del baco da seta) con una farfalla europea, la *Lymantria dispar*, un insetto dalle abitudini alimentari molto più varie, più alla buona, in grado di nutrirsi di diverse piante tra quelle presenti nei boschi del Massachusetts. L'ibrido, secondo Trouvelot, avrebbe avuto un sistema digestivo molto forte, adatto ad assimilare l'ampio fogliame americano e trasformarlo in delicata seta europea. E fu così che dalla Francia partì un pacchetto davvero speciale, contenente alcuni esemplari di *Lymantria* e di *Bombix* da far accoppiare.

Purtroppo, Trouvelot aveva studiato arte e non biologia. Non sapeva, quindi, che due animali appartenenti a specie diverse non si possono riprodurre. Va da sé che il suo progetto entomologico era destinato a fallire fin dall'inizio, e infatti, dopo due mesi di inutili tentativi, si arrese di fronte alla realtà dei fatti. A quel punto, non sapendo più che farsene, il francese decise di liberare le farfalle nel folto della querceta vicino casa.

Al ritorno, mentre contemplava il cielo che si faceva scuro, la tanto attesa ispirazione artistica arrivò e Trouvelot decise con certezza: la sua strada non era l'entomologia, ma l'arte. Iniziò a produrre quadri su quadri, in cui i cieli nordici erano il soggetto principale. Nel frattempo, però, nella foresta le limantrie sfornavano uova su uova, bruchi su bruchi e farfalle su farfalle. Dal manipolo di insetti liberato dal francese si generò una spaventosa popolazione che, a tutt'oggi, distrugge ettari ed ettari di foresta americana. Gli studiosi hanno calcolato che i danni della limantria si aggirano intorno agli 870 milioni di dollari annui!

Fin dagli inizi del Novecento gli entomologi americani hanno intrapreso vari programmi di lotta: dalla liberazione di milioni di parassiti dei bruchi all'uso degli insetticidi, ricorrendo perfino al taglio degli alberi per frenare l'avanzata. Ma tutto è stato inutile: la limantria è ancora attiva e continua la sua distruzione annuale.

Anche ai giorni nostri, in primavera e in estate, nelle fresche foreste del Massachusetts, i bruchi sono talmente numerosi che il rumore emesso dalle loro voraci mandibole, simile allo scroscio della pioggia, si può sentire da centinaia di metri di distanza.

Eppure, esistono delle porzioni di foresta americana dove il danno della farfalla europea è limitato, grazie alle intricate reti intessute dagli alberi (in particolare loro: le querce) che portano a effetti non prevedibili.

Un albero grande e diffuso in tutto il mondo come la quercia ha numerose frecce al suo arco. Per raccontare questa nuova strategia, dobbiamo mettere un secondo da parte le farfalle e spostare l'attenzione su un fenomeno molto interessante: quello della "pasciona".

Questo termine va ricondotto all'alternanza di fruttificazione tipica della quercia: a un anno di abbondante produzione di ghiande – l'anno della "pasciona", per l'appunto – ne seguono altri chiamati di "scarica", in cui gli alberi fruttificano molto meno.

Durante l'anno della pasciona, una grande festa si accende nel bosco; tutti gli animali si affannano per raccogliere quanti più frutti possibili, sopraffatti da tutta quell'abbondanza. La popolazione dei mangiatori di ghiande cresce esponenzialmente, ignara dei tempi di magra che arriveranno. L'anno successivo, infatti, i frutti non sono sufficienti per nutrire tutti, e numerosi animali soccombono sotto i crampi della fame.

Alla fine della pasciona, la vita con i suoi colori cede il posto alla morte con il suo tetro mantello. Ma non per la quercia: lei utilizza l'alternanza proprio per sopravvivere. I semi raccolti durante l'anno dell'abbondanza sono così numerosi che non si riesce a consumarli tutti; una buona parte germina in primavera e così l'anno seguente, mentre la morte infligge la sua legge agli animali, le nuove piantine di quercia crescono senza nemici.

C'è chi, come gli uccelli, cerca di sfuggire alla carestia migrando altrove, ma non c'è nulla da fare: le querce sono organizzate come un esercito, e sincronizzano l'intera comunità in modo che gli anni di scarica e di pasciona siano gli stessi per tutte. Gli uccelli, viaggiando, trovano soltanto penuria di frutti e abbondanza di cadaveri.

In pratica, è la quercia a dettare i tempi del bosco. È lei a decidere quando si festeggia e quando ci si lamenta, la sua produzione di frutti può far crollare una foresta o accenderla di vita.

Cosa c'entra questo "strapotere" delle querce con la farfalla limantria? C'entra eccome: abbiamo visto che, durante gli anni della pasciona, gli animali che si nutrono di ghiande aumentano a dismisura. Tra questi c'è un topolino, il peromisco, la cui presenza nel periodo dell'abbondanza è addirittura pari a quindici volte quella di un anno qualsiasi.

Quando la pacchia finisce, la foresta si ritrova piena di topolini che si aggirano disperati alla ricerca di ghiande sempre più rare. Rosi dalla fame, cercano cibo anche nei luoghi più impensabili, arrivando persino a scavare sottoterra. Ed è proprio qui che entrano in gioco le farfalle: a rigor di logica, sottoterra i topi non dovrebbero trovare nulla; invece, grazie al pittore francese, trovano tantissime crisalidi di limantria che attendono la buona stagione per sfarfallare e distruggere le foreste americane. Il peromisco, reso folle dalla fame, è ovviamente disposto a tutto, anche a cambiare dieta e passare dalle ghiande alle piccole farfalle in fasce.

Quello che sembra un racconto horror è in realtà l'innesco di un effetto domino positivo per – quasi – tutti: il peromisco riesce a sopravvivere, così come i suoi predatori; le querce non vengono defogliate e allungano le chiome verso il cielo americano. Nonostante non siano anni di pasciona, elargiscono qualche ghianda agli uccelli, agli scoiattoli e agli altri animali del bosco. La morte degli anni di scarica viene scacciata via. Tutto grazie all'errore madornale del nostro buon pittore francese: alla fine, anche in natura, non tutto il male viene per nuocere.

Profumo di cadavere

Il cerchio della vita inizia con la fotosintesi clorofilliana, si inoltra nel mondo vegetale e subito si interconnette con quello animale. Durante questo viaggio, abbiamo incontrato organismi che con le piante fanno lavoro di squadra, occupandosi dell'impollinazione e della disseminazione.

È arrivato il momento di incontrare un altro tassello di

questo *dream team*: quello che riguarda il sotterramento dei semi. Abbiamo già visto che topolini, scoiattoli e uccelli interrano spesso i semi delle ghiande per custodirli. Abbiamo anche incontrato i semi delle graminacee, che con la loro punta riescono a conficcarsi nel suolo. Ma anche tra i sotterratori bisogna fare delle distinzioni, esattamente come per gli impollinatori: non tutti, infatti, sono in grado di svolgere questo ruolo con la stessa efficienza. Se le api sono le regine dell'impollinazione, il principale delegato a questa funzione non può che essere l'immenso popolo del sottosuolo: le formiche.

Il raggio di sole sarà anche il nutrimento più importante per i vegetali, ma nella stragrande maggioranza dei casi i semi, per germinare e sopravvivere, hanno bisogno di stare a contatto con la terra: laggiù riescono a fare il pieno d'acqua e, una volta assorbita, si gonfiano sprigionando una grande pressione. Noi uomini questo l'abbiamo imparato a nostre spese: nel corso dei secoli, sono state tante le barche cariche di semi che si sono trasformate in bombe a orologeria; la pressione dei semi venuti casualmente a contatto con l'acqua era tale che riusciva a spaccare le robuste travi, facendo affondare la barca!

Sottoterra, per fortuna, simili rischi non si corrono e i semi possono servirsi di un mezzo di trasporto molto più efficiente delle nostre navi: i diecimila trilioni di formiche che hanno colonizzato il sottosuolo. L'ambiente in cui vivono questi insetti è il luogo ideale per la germinazione dei semi, e le piante non si potevano certo lasciar scappare un'occasione del genere. Come attirare l'attenzione di questi guerrieri del prato?

Una prima strategia l'abbiamo già incontrata nelle querce e consiste nella iperproduzione di semi ricchi di sostanze nutritive: il numero di semi è sempre talmente abbondante che non solo soddisfa l'appetito di tutto il formicaio, ma permette anche che ne rimangano molti intatti, custoditi all'interno del nido: quando la primavera ritorna nel prato, ecco che il seme germoglia, getta le giovani radichette e inizia una nuova vita.

Ma non tutte le piante vogliono sprecare energia producendo ogni anno così tanta frutta. Ecco perché molte di esse dotano i loro semi di strutture specializzate ad attirare le formiche, chiamate "elaiosomi". Così come il nettare è usato per ripagare il lavoro dell'ape, l'elaiosoma fornisce una ricompensa alle formiche; il fiore richiama l'ape con il suo profumo e la stessa cosa fa il seme. Quello che cambia è il gusto dei due insetti: mentre l'ape ama gli aromi delicati, la formica ha gusti decisamente più "terra terra"... Alla soavità dei fiori, preferisce la gravità dell'odore di cadavere. L'elaiosoma è, infatti, un'appendice del seme piena di sostanze grasse che "profumano" di putrefazione.

Il mirto, l'arbusto tipico delle zone del Mediterraneo, applica una doppia strategia: prima cerca di allontanare il seme dalla pianta madre attirando gli uccelli con i suoi piccoli frutti, splendenti di ultravioletto; poi, quando i semi si trovano all'aperto, scoperti dalla polpa del frutto, entra in gioco l'elaiosoma, che richiama le formiche come una sirena e le spinge al lavoro di semina vero e proprio.

Travestimento perfetto

La strategia dell'elaiosoma è talmente efficace che alcuni insetti hanno deciso di imitare le piante e sfruttarla a proprio favore. Il fatto è che il nido delle formiche è un ambiente in cui molti vorrebbero svernare: è perfettamente difeso sia dai nemici sia dalle condizioni meteorologiche avverse. Per passare alcuni mesi al sicuro nel sottosuolo, ci sono creature che farebbero follie.

Una di queste è l'insetto stecco australiano, che quando raggiunge l'età adulta assomiglia in tutto a un legnetto, e usa questo travestimento per nascondersi in mezzo ai cespugli. Quando si sente davvero in pericolo, poi, finge di ondeggiare, copiando il movimento dei piccoli rami mossi dalla brezza in modo da rendersi invisibile all'occhio dei potenziali predatori.

Da piccoli, però, gli insetti stecco non sono ancora degli attori così consumati, e non riescono a proteggersi altrettanto bene. Fortunatamente c'è una soluzione, e anche questa per funzionare ha bisogno di una maschera: se il corpo adulto assomiglia a uno stecco, le uova dell'insetto australiano assomigliano in tutto e per tutto ai semi delle piante – e infatti le femmine scelgono, per deporle, gli stessi luoghi dove risiedono i veri semi delle vere piante.

La cosa sorprendente è che, esattamente come i semi, queste uova sono provviste di elaiosoma! Così, attirate dal "profumo", le formiche non vanno tanto per il sottile: prelevano anche quelle e se le portano, insieme ai semi, all'interno del formicaio. Protetti dal caldo del sottosuolo, i semi germinano, mentre le uova si schiudono.

C'è un problema: le formiche non tollerano intrusi all'interno della loro città oscura. Appena un insetto diverso si palesa nel formicaio, viene immediatamente ucciso. Per fortuna gli insetti stecco hanno il trasformismo nel sangue, e per sfuggire alla furia razzista delle formiche non hanno problemi a travestirsi ancora una volta: nella primissima fase della vita, infatti, queste creature assomigliano proprio alle formiche! Così mimetizzate, fanno presto a guadagnarsi l'uscita, posizionarsi sopra una pianta e mutare nuovamente forma, diventando dei perfetti ramoscelli in barba ai loro nemici!

L'invenzione del futuro

Lungo il tratto di strada che unisce il mondo dei vegetali a quello degli animali, non si può ignorare la presenza di un animale molto particolare, che con il mondo vegetale ha un rapporto piuttosto originale. Questo essere vivente ama i semi, ma per consumarli li tritura, li macina, li secca, li fa fermentare, insomma usa la sua mente creativa per dar loro una nuova vita.

I semi che preferisce ricevono un amore folle e una dedizione assoluta: le piante che li producono vengono difese dai nemici, nutrite, tenute nelle condizioni ideali per la germinazione e per la crescita, portate in ogni angolo del globo.

Ovviamente, l'avrete capito, stiamo parlando dell'essere umano. Sì, è vero, abbiamo detto prima che questo viaggio prevede di toccarlo solo in parte, e infatti il vero protagonista della prossima storia non è lui, bensì – ancora una volta – un seme. Un seme molto particolare, perché da sempre l'essere umano ha mostrato di preferirlo a tutti gli altri, segnando con la sua coltivazione (la prima della storia!) il passaggio da una società di cacciatori nomadi a una civiltà stanziale fondata sull'agricoltura. Questo seme ha un nome, e il suo nome è grano.

Prima di incontrarlo, noi uomini passavamo le giornate girovagando per le savane primordiali in cerca di semi da mangiare, proprio come animali. Probabilmente, allo stesso modo, dopo averne raccolti alcuni li conservavamo sottoterra. Le cose cambiano quando i germogli iniziano a spuntare: al contrario di tutti gli animali, infatti, l'uomo ha la capacità di capire le conseguenze delle proprie azioni. Capisce quindi non solo che dal seme si può ottenere una pianta, ma anche che quella stessa pianta può dargli molto, molto di più.

Inventando l'agricoltura, abbiamo inventato il futuro: la possibilità di pianificare, di smettere di vivere alla giornata. Agricoltura significa civiltà; senza il grano, essa non sarebbe mai stata possibile.

Il primo paga pegno

Il frutto del grano prende il nome di "cariosside" ed è ricoperto da diverse foglie che lo proteggono dalle minacce del mondo esterno. Quando non sono più necessarie, cioè quando il frutto è maturo, queste speciali coperte si aprono spontaneamente.

Gli uomini preistorici, però, avevano notato una cosa piuttosto strana: certe piante di grano, anche quando arrivavano a maturazione, non aprivano le foglie e, conseguentemente, non permettevano ai frutti di abbandonare la pianta madre. Questo, in natura, di fatto è un handicap: i frutti prigionieri non possono germinare, e la pianta che non è in grado di far vivere i propri semi è destinata alla sterilità.

Fortunatamente, quello che in natura è un handicap, in agricoltura è una virtù. Pensiamo all'uomo del Neolitico impegnato nella raccolta del grano. Il poveretto, mentre faticava e tagliava le piante mature, con l'apertura delle foglie si vedeva cadere tantissimi frutti a terra. Certo, poteva sempre piegarsi e "spigolare" i frutti nel terreno, ma quanti ne perdeva? Sicuramente tanti. Le piante che non si aprivano, invece, consentivano un risparmio sia di fatica sia di una consistente parte del raccolto. Ecco perché l'uomo le ha da subito elette a sue preferite e le ha coltivate per migliaia di anni, fino a far sparire tutte le altre. Queste piante, adesso, sono le più diffuse su tutto il pianeta, oltre che le più protette: il servizio degli esseri umani è in assoluto il più efficiente che si possa avere dal regno animale. Ma non è affatto gratuito, anzi: il prezzo da pagare può essere molto, molto alto.

Il problema del grano è lo stesso di tantissime piante coltivate: è stato forgiato per piacere sempre di più agli umani e, con il passare del tempo, ha abbandonato la via della natura per entrare in una zona inventata dalla mente dell'uomo, che lo ha legato irriducibilmente a sé. Nel caso di un'ipotetica estinzione della razza umana, il grano sarebbe costretto a seguire il suo protettore nell'oblio.

Alcuni semi, però, usano l'uomo senza pagare pegno. Come la plantaggine maggiore, una pianta molto comune nei prati di tutta Europa, che vive bene in mezzo agli esseri umani perché resiste al calpestamento. I suoi microscopici semi si infilano in tutti i manufatti degli uomini e li seguono ovunque, lasciandosi trasportare senza però cedere al ricatto della coltivazione. Proprio per questa caratteristica, in America viene chiamata *white man foot*, perché è stata in grado di seguire passo passo l'uomo europeo nella sua avanzata negli Stati Uniti d'America.

The Survivor Tree

Tante sono le storie di convivenza tra piante e umani, tra alberi e persone. Una di queste si svolge negli Stati Uniti d'America e inizia con una felice intuizione di uno scrittore, tal Edward S. Martin che, tra le pagine del suo libro *The Wayfarer in New York*, uscito nel 1909, paragona lo Stato di New York a un enorme albero di melo, con le radici che affondano nella valle del Mississippi mentre il frutto cresce e matura nel centro di Manhattan. Per la prima volta, la megalopoli americana viene soprannominata "Grande mela".

Inizialmente, il nome ha poco successo, dopo qualche anno cade già in disuso. Negli anni Settanta, però, la Grande mela risorge dalle proprie ceneri grazie a un cronista, Charles Gillet, che voleva associare New York al delizioso frutto per cancellare la sua nomea di metropoli difficile e violenta. La cosa funzionò: nel giro di poco, aerei carichi di turisti cominciarono ad atterrare nella Grande mela con il desiderio di dare un morso a questa succulenta megalopoli. Ora, grazie anche all'albero delle mele e ai suoi frutti, New York è un luogo splendido, che visitatori da tutto il mondo apprezzano, sognano e amano.

Ma la storia degli uomini è simile a quella della natura: è circolare. Dopo un periodo di serenità, l'11 settembre 2001 il terrore ha avvolto New York con il suo pesante mantello nero. Adesso, a quasi vent'anni di distanza, a squarciare il velo della paura ci pensa proprio un albero, che allunga i suoi rami verso il cielo ridando speranza e gioia ai più di otto milioni di abitanti della Grande mela.

L'albero che sta facendo rinascere New York non è simbolico, ma reale, vivissimo; è provvisto di radici, di un tronco, di foglie. Si tratta di un pero, un albero che è diventato famoso perché è stato testimone di uno degli episodi più tragici del nuovo millennio.

Il pero in questione, infatti, viveva nel giardino del World Trade Center. Quel giorno, mentre cresceva alto e rigoglioso, una massa di macerie incandescenti si abbatté su di lui, distruggendo i suoi rami, bruciando il tronco, strappando le foglie e disarcionando le radici.

Nei giorni seguenti, però, accadde qualcosa di straordinario. Tra le rovine di cemento armato, in una tetra foresta di calcinacci e metallo, i pompieri lavorarono giorno e notte per strappare alla morte i pochi sopravvissuti all'attentato. Gli scavi tra le macerie si protrassero a lungo, la città contava i morti e si macerava nel dolore.

Ma a un certo punto, in mezzo a questo deserto di morte, il pero rispuntò tra i detriti. Era ridotto a un moncherino annerito dal fuoco, non aveva più foglie e le sue radici erano strappate. Eppure, l'occhio benevolo (ed esperto) di un pompiere riconobbe, nella sua corteccia bruciata, un barlume di vita; prese quello che era rimasto del pero e lo portò agli agronomi del New York City Department of Parks and Recreation.

Nella serra del Bronx, questo albero trovò ricovero

e cure e, dopo svariati mesi, una timida fogliolina verde fece capolino nella scorza scura e martoriata. Quel germoglio contagiò l'intero albero, che in poco tempo si ricoprì di foglie sempre più grandi e sempre più brillanti. Nuova linfa iniziò a fluire nel tronco pieno di ferite e nuove radici, avide di vita, si misero a cercare la profondità della terra.

Fu così che l'11 settembre 2010, durante la cerimonia di commemorazione della tragedia, il pero, tornato forte e vigoroso, riprese il suo antico alloggio presso il giardino del World Trade Center. Venne chiamato *The Survivor Tree*, l'"albero sopravvissuto": i suoi fiori, le sue foglie, i suoi rami protesi verso il cielo ricordano ai newyorkesi che tutto si può superare, che nessuna tragedia è per sempre e che il futuro è un luogo sconosciuto, ricco anche di cose bellissime.

Se il pero di New York parla di speranza e di un futuro migliore al mondo degli uomini, tutte le piante che ricoprono di verde il pianeta stanno dicendo la stessa cosa, ma si rivolgono alla natura.

Esse non hanno mai sviluppato degli organi centrali e vitali, le loro funzioni essenziali (depurarsi dalle scorie, crescere, respirare) sono condivise da tutte le cellule: questo significa, tra le altre cose, che non hanno un cuore, dunque non hanno un vero punto debole.

Un nemico senza un bersaglio da colpire è inattaccabile: lo puoi ridurre a brandelli, come nel caso del pero di New York, ma lui risorgerà sempre dalle sue ceneri, come un'araba fenice. Ecco perché molte piante si lasciano mangiare senza colpo ferire: sanno che nessun morso può essere letale, e che possono anche ridursi all'osso, ma alla fine rispunteranno come se nulla fosse.

3

Il verde che nutre

È il momento di seguire il nostro raggio in un nuovo anello del cerchio, che riguarda creature molto speciali. Abbiamo visto che le piante si nutrono di energia pura; ebbene, questi animali, nutrendosi di piante, assimilano dentro di sé una parte di quella energia. In pratica, è come se una scintilla del nostro raggio continuasse a splendere dentro di loro. Si tratta degli erbivori, animali che spesso, ingiustamente, noi uomini riteniamo poco interessanti: placidi e mansueti, passivi, non troppo svegli... Scopriremo invece che queste creature sono piene di sorprese, basta saperle guardare dalla giusta prospettiva: quella della natura.

Superstomaco

Frenare l'orda degli erbivori e continuare a vivere crescendo verso l'alto è la prerogativa delle piante. Il loro gioco difensivo è molto efficiente, e utilizza anche delle barriere fisiche che si interpongono tra loro e i denti affilati dei nemici: le foglie sono ricoperte da cere indigeribili; i peli crescono copiosi tra le parti verdi per impedire o ostacolare il movimento degli insetti; le spine acuminate sanno pungere la lingua di chi prova ad avvicinarsi troppo.

L'elemento che sostiene le piante e consente loro di raggiungere il cielo è la cellulosa, che di fatto consiste in una lunga successione di molecole di glucosio impacchettate tra loro. Questa sostanza ha due grandi vantaggi: è molto resistente e non può essere assimilata dagli animali. I raggi di sole incapsulati nella cellulosa non possono sprigionarsi nel corpo dei mammiferi, quindi non rilasciano la loro energia.

Eppure, viaggiando lungo il cerchio della vita, non si può fare a meno di notare la grande quantità di animali che si nutre di erba per trasformarla in carne, latte, ossa – in altre parole, vita.

Come fanno gli erbivori a ricavare energia da una sostanza indigeribile?

La risposta è che hanno degli organi digerenti estremamente potenti. Le mucche, ma anche le pecore, i caprioli e i cervi, a differenza di noi uomini, non hanno un unico stomaco, ma ben quattro. La loro digestione è molto complessa. Quando ruminano nel prato, in poco tempo ingeriscono una grande quantità di vegetali; poi, a pasto finito, si riparano in un luogo protetto e aspettano che la natura faccia il suo corso.

La prima tappa è lo stomaco più grande, chiamato "rumine", un luogo ricco di batteri e funghi che fanno avviare la fermentazione e spezzano i forti legami dello zucchero nella lunga catena della cellulosa. Dopo questa prima fermentazione, il cibo torna da dove era venuto, cioè nella bocca, dove viene masticato in tutta tranquillità. Il cibo triturato passa quindi nel secondo stomaco, il "reticolo", e da qui viene smistato: le parti ancora troppo grosse ritornano nel rumine, il resto raggiunge la terza tappa, l'"omaso", che assorbe tutti i liquidi della massa predigerita e la passa infine all'"abomaso".

L'abomaso corrisponde allo stomaco degli altri animali. È qui che inizia la digestione chimica, con acidi ed enzimi, in forma analoga a quella che conosciamo anche noi esseri umani. Il percorso è lungo, complesso, ma offre grandi vantaggi: l'energia pura dei vegetali viene assorbita perfettamente.

Il petrolio delle mucche

La fermentazione, oltre a rendere digeribile la cellulosa, libera il materiale ingerito dai sottoprodotti come il metano, un gas infiammabile che si trova, oltre che nell'intestino degli erbivori, anche nelle viscere della Terra.

Alcune centinaia di milioni di anni fa, agli albori del cerchio della vita, la spinta data dai raggi di sole come il nostro diede il via a un flusso di energia che permise di popolare il nostro pianeta. Un'ondata di vita che si propagò e che mosse per lungo tempo gli organismi arcaici. Questa epoca dorata conobbe, però, una repentina fine: le specie animali e vegetali morirono e vennero inghiottite dal terreno. I cadaveri erano così abbondanti che non si riusciva a smaltirli; anno dopo anno, i residui organici non processati scesero verso le viscere della Terra, dove il calore e la pressione del magma li trasformarono in una sostanza nera e vischiosa oppure in un gas altamente infiammabile. Elementi di provenienza mortifera, ma che custodivano dentro di sé qualche raggio di energia risalente a milioni di anni prima: si trattava, di fatto, di un nuovo sole. Un sole nero.

Il 27 agosto 1859, lo scienziato americano Edwin Drake riuscì a scalfire la superficie della Terra e scendere nei suoi meandri per prelevare del materiale. La sostanza nera, dopo milioni di anni, vide nuovamente la luce e diede inizio a una nuova era: quella del petrolio.

La sua energia venne utilizzata dagli esseri umani in mille modi, tra cui quello di ricreare bolle di eterna primavera con il riscaldamento, o di alimentare automobili che bruciavano il sole antico nel loro cuore di metallo. In poco più di cento anni, gli ampi giacimenti si sono esauriti, ma la fame di energia degli uomini è addirittura aumentata.

Ecco che entrano in gioco gli erbivori: se le viscere della Terra non hanno più metano, e il poco che c'è è troppo difficile da estrarre, allora è meglio cercare altrove. Per esempio, nello stomaco della mucca. In effetti, il metano che si sviluppa all'interno del rumine trova già una sua via di fuga, anzi due: una verso l'alto, che esce dalla bocca con un rumoroso rutto; l'altra verso il basso, anche questa volta guadagnando l'uscita con un rumore secco e fragoroso. Ebbene sì, parliamo di puzzette, ma non ridete: è anche da loro che dipende il nostro futuro energetico!

Considerando che i bovini allevati dall'uomo sono più di 180 milioni e che ognuno produce, suddivisi in ugual misura tra rutti e scoregge, circa 300 litri di metano, si può sostenere che la quantità di questa energia è considerevole.

Per non disperdere il prezioso idrocarburo, alcuni scienziati hanno inventato un apparecchio capace di prelevarlo direttamente dal rumine, senza bisogno di aspettare che la mucca si decida a liberarsi da sola. Oltre a ottenere dell'energia "verde", il sistema limiterebbe anche l'emissione di gas potenzialmente pericolosi per l'effetto serra. Insomma, due piccioni con una fava.

Capra a chi?

Come dicevamo, gli erbivori hanno la capacità di trasformare le erbe in carne, latte e lavoro.

Una caratteristica così utile che, da ormai diversi millenni, l'uomo li alleva e se li porta dietro in ogni parte del mondo. Tra questi, c'è un animale che per noi esseri umani è sinonimo di ottusità e testardaggine, ma in realtà dimostra una capacità di adattamento strabiliante: la capra.

Le capre sono state utilissime per noi umani. Il loro spirito un po' rustico le ha rese capaci di mangiare vegetali scartati dalla maggior parte degli erbivori, come le erbe secche, le piante spinose e addirittura i muschi e i licheni. Inoltre, grazie alla loro stazza piuttosto ridotta, capre e pecore trovavano facilmente posto nelle stive delle navi: durante le lunghe traversate, i marinai avevano a disposizione latte fresco e carne, alimenti altamente energetici e ideali alla vita in mezzo al mare.

Tra un'onda e l'altra, ovviamente, capitava di fare una sosta in una delle numerose isolette del Mediterraneo. E qui – forse per trovare qualcosa da mangiare anche al ritorno, forse come segno di solidarietà verso altri marinai o eventuali disgraziati naufragi – i navigatori lasciavano un segno liberando qualche coppia di capre. In quel paesaggio brullo e roccioso, queste prosperavano: da pochi esemplari si creavano dei veri e propri greggi, che possiamo ancora scorgere mentre saltano di pietra in pietra tra gli impervi dirupi delle isole greche.

Con l'aiuto degli esseri umani, le capre hanno colonizzato le isole di mezzo mondo, con conseguenze non sempre piacevoli. Nel 1773, il famoso capitano James Cook liberò alcuni esemplari nei pressi di Marlborough, a sud della Nuova Zelanda; loro, ovviamente, iniziarono a riprodursi e a nutrirsi delle esotiche erbe dell'isola. Mangia oggi, mangia domani, mangia per diversi anni... le capre hanno fatto letteralmente sparire nel loro stomaco decine di piante autoctone che vivevano esclusivamente in quella parte di mondo! I vegetali non avevano mai conosciuto un erbivoro così forte, potente e poco schizzinoso, per cui non avevano mai sviluppato delle difese idonee.

Una cosa simile sta succedendo anche oggi, nel continente australiano: alcune capre sono scappate dai recinti e, libere di scorrazzare nel bush, sono diventate numerose e stanno distruggendo gran parte della flora locale. Il loro esercito, rinfoltito dalla presenza di pecore e asini, rischia di creare un danno abissale: senza i vegetali, lo abbiamo visto, il cerchio della vita si interrompe e rischia di sfociare in un'estinzione di massa.

Per risolvere la situazione, gli australiani hanno inventato una strategia nota come "tecnica di Giuda" o "tecnica della mantide religiosa", due nomi decisamente sinistri, ma azzeccati, visto che questo stratagemma è tanto astuto quanto cruento. Funziona così: vagando per i deserti australiani, gli uomini catturano qualche femmina di capra (o di pecora o di asino) e le conducono in una stalla, dove vengono accudite di tutto punto: il fieno somministrato è di altissima qualità, l'ambiente è pulito e le visite veterinarie sono frequenti e accurate. Dopo alcuni mesi di trattamento regale, le capre sono in perfetta forma, profumate, delle vere signorine ignare dei problemi della vita selvatica.

La loro placida esistenza subisce un brusco scossone

quando, a un certo punto, dei veterinari armati di siringhe iniettano nel loro corpo una dose da cavallo di ormoni femminili. Piene di estrogeni, le capre vengono caricate su dei camioncini e portate in giro per il bush australiano – dove, mesi prima, erano state catturate e dove adesso, ben pasciute e sprizzanti femminilità da tutti i pori, riconquistano la libertà... vigilata: prima però di scorrazzare tranquille tra i cespugli australiani, infatti, vengono dotate di un radiocollare che indica sempre la loro posizione.

I maschi, nel bush, sentono l'odore irresistibile di queste superfemmine anche da chilometri di distanza e convergono a frotte, sperando di incontrare l'amore. Invece, purtroppo, incontrano la morte: i cacciatori, appostati vicino alle "esche", aspettano solo il loro arrivo per venire allo scoperto e ucciderli a suon di fucilate. Perché questa strage di poveri maschi? Questione di matematica: meno maschi significa meno femmine gravide. Con questo sistema, il governo australiano spera di ridurre il numero di erbivori per dare una tregua alle piante e far ripartire il cerchio della vita.

Il lungo viaggio del dromedario

Attraversando i mari di tutto il mondo, le capre sono arrivate dalla Grecia alla Nuova Zelanda al bush australiano. Ma non sono gli unici erbivori che noi uomini abbiamo scarrozzato in giro per il globo: uno dei più grandi viaggiatori a quattro zampe è la cosiddetta "nave del deserto", il dromedario, anche se non sempre i suoi pellegrinaggi hanno avuto un esito felice. Un esempio? La storia del dromedario Harry, giunto in Australia nel 1840 su una nave che arrivava dalle lontanissime isole Canarie. Insieme a lui c'erano altri otto dromedari, ma lui è stato l'unico a giungere vivo a destinazione. Le navi del deserto non erano abituate a viaggiare sulle navi vere, e la lunga traversata dell'Oceano Indiano era stata fatale.

Harry era robusto nel fisico, ma aveva un temperamento fumantino e non troppo stabile. In Australia venne adottato dall'esploratore John Ainsworth Horrocks, che insieme a lui girò gran parte dell'outback australiano senza grandi intoppi. Finché, il primo settembre del 1846, Harry decise di dare prova del suo carattere: mentre Horrocks puntava il suo fucile in direzione di un uccello, con la chiara intenzione di mangiarselo, il dromedario si oppose e lo disarcionò. Il colpo partì lo stesso, ma non beccò il volatile: i proiettili recisero alcune dita del povero John, che non poteva fare altro che correre – a piedi! – per centinaia di chilometri in cerca del più vicino ospedale. Inutile dire che quando un medico, finalmente, lo visitò, ormai era troppo tardi: la ferita non medicata aveva causato un'infezione che si era propagata in tutto il corpo.

Il 23 settembre, poco prima di morire, John Ainsworth Horrocks espresse il suo ultimo desiderio: che l'odiato, intrattabile, recalcitrante dromedario venisse abbattuto con un colpo di pistola. L'esecuzione avvenne il giorno stesso, ma anche Harry prima di spirare esaudì un suo desiderio: tirò un gran morso in testa a uno dei presenti, che evidentemente non gli stava molto simpatico.

La vicenda di Harry è certo triste, ma fortunatamente non è l'unica che riguarda i dromedari: la storia di questi animali è antichissima e inizia in un luogo imprecisato del Nord America dove, 44 milioni di anni fa, dalla ricca biodiversità locale spunta il primo esemplare di camelide del mondo: il *Camelops hesternus*!

Grazie alla natura generosa, questo cammello ancestrale ebbe una vita facile e florida. Le sue popolazioni si ingrandirono e viaggiarono – la maggior parte verso sud, fino al grande continente sudamericano, dove il tempo e le condizioni ambientali ne forgiarono il carattere e l'aspetto trasformandolo nell'attuale lama. Quelli che si diressero verso nord, invece, incontrarono un braccio di mare, lo Stretto di Bering, che all'epoca era solcato da un ponte di ghiaccio. Loro lo attraversarono e si trovarono così nel continente asiatico. Anche in Asia il tempo e il clima fecero la loro parte, trasformando il cammello ancestrale nel cammello a due gobbe.

Non tutti, però, si fermarono qui: una parte della popolazione decise di proseguire il viaggio, fino a raggiungere l'Africa settentrionale. Qui si stabilirono e si adattarono, assumendo le sembianze del dromedario con un'unica gobba. Tre destinazioni, altrettante trasformazioni.

A complicare le cose è la comparsa, esattamente

300.000 anni fa, dell'animale uomo – anche lui gran viaggiatore, anche lui pronto a colonizzare la maggior parte delle terre emerse. Quando l'*Homo sapiens sapiens* giunge nel continente americano, incontra i *Camelops hesternus* rimasti nella loro terra di origine e comincia a cacciarli. La predazione è così assidua che, in capo a qualche migliaio di anni, tutti i cammelli americani scompaiono per sempre dal continente.

Fortunatamente non sempre l'incontro tra esseri umani e camelidi è andato così male: in Asia e in Africa, invece che cacciarli per mangiarseli, gli uomini impararono ad allevare questi animali per ottenerne, oltre alla carne, anche lana, latte e lavoro. La loro relazione divenne talmente stretta che tutti i camelidi finirono con l'abbandonare la vita selvatica per diventare a tutti gli effetti degli animali domestici.

Camel burger

E l'Australia? Non si arrese dopo Harry, e nel dicembre del 1942 fece arrivare da Tenerife altri due dromedari, seguiti a ruota da nuovi esemplari da varie parti dell'Africa e dell'India: alla fine, si ottenne una mandria composta da almeno diecimila capi di bestiame.

Lo scopo dell'introduzione era legato all'incredibile capacità di adattamento che i camelidi dimostrano alla dura vita del deserto. Secondo gli importatori, se erano capaci di sopravvivere nel deserto del Sahara, se la sarebbero cavata egregiamente anche nell'arido outback australiano. Ed ebbero ragione! Gli animali vennero usati con successo nella costruzione della ferrovia che taglia a metà il pericoloso deserto australiano, trasportando legno, ferro e tutto il materiale necessario.

I tempi degli uomini però sono molto più veloci di quelli della natura: proprio mentre i dromedari si stavano adattando al loro nuovo lavoro, le macchine, i camion e altri mezzi tecnologi resero obsoleto il loro utilizzo. Insieme alle macchine comparve anche più di una domanda: che farsene di tutti quei cammelli, ora che non li si poteva più far lavorare? Come alimentarli, come abbeverarli? Perché prendersene cura, visto che ormai non servivano più a nulla? Tante domande per un'unica risposta: liberarli e lasciare che il destino si prendesse cura di loro.

Il fato accolse la sfida lanciata dagli uomini e trattò i dromedari particolarmente bene. Grazie all'assenza di nemici naturali, unita alla capacità di processare la cellulosa, i dromedari non solo non morirono, ma si riprodussero e prosperarono. Da diecimila divennero ventimila, poi trentamila, e aumentarono ancora, fino a raggiungere la considerevole popolazione di 500.000 unità che attualmente pascolano nel deserto australiano.

Ovviamente, questa sovrappopolazione non è senza conseguenze: seguendo il nostro raggio abbiamo ormai capito che nel cerchio della vita basta un solo, minimo cambiamento per modificare a catena tutto quello che c'è intorno. Nel caso dei dromedari australiani, i danni sono considerevoli: essi sono animali di grandi dimensioni, e per nutrirsi danno fondo alle poche erbe e alle rare pozze d'acqua che incontrano nel deserto. I piccoli marsupiali autoctoni non riescono a competere con la "nave del deserto", le risorse sono troppo scarse e il rivale troppo forte.

Che fare, dunque, per proteggere la fauna locale dall'estinzione? Gli australiani hanno pensato di risolvere la situazione grazie al "camel burger", una nuova specialità culinaria. Per prepararlo bisogna munirsi di un mezzo di trasporto che può andare dalla classica jeep fino all'elicottero, avventurarsi nel bush armati fino ai denti, scatenare una tempesta di piombo sugli animali, macellarli e cuocere la loro carne alla brace.

Il cammello è diventato uno dei piatti più gettonati nei ristoranti australiani: dall'hamburger alla bistecca, dalla grigliata al polpettone, senza contare il grande utilizzo delle sue pelli, che si trasformano in cappotti, giubbini, coperte e vengono commercializzati nei negozi più alla moda.

Una fine triste, ma non solitaria: la lista degli erbivori che hanno cambiato continente per colpa dell'uomo è lunghissima, almeno quanto la lista delle ricette che sono state ideate per contenerne la diffusione un morso alla volta.

Sulla costa Est degli Stati Uniti d'America si può assaggiare un delizioso fritto di granchi verdi (europei); nel

Maryland si può assaporare il pesce osseo "testa di serpente" (che è orientale), servito in umido con una salsa alle fragole e una gelida piña colada; il leone di mare del Mar Rosso si trasforma in sushi nei ristoranti della Florida, e così via.

L'unico animale vegetariano che non si riesce a trasformare in una ricetta deliziosa è la nutria, un roditore che un tempo veniva allevato per la sua pelliccia e che adesso vaga libero in giro per il mondo. La sua carne ha un gusto tremendo e, per quanto ci si possa ingegnare, non si adatta a nessuna ricetta. Una soluzione? L'ha trovata una start up americana fondata da alcuni studenti di Veterinaria: se per noi umani la carne di nutria è assolutamente immangiabile, essa in compenso può diventare un ottimo cibo per cani!

Gli erbivori che non ti aspetti

Mucche, capre, cammelli: tutti erbivori, tutti animali speciali, ognuno a suo modo. Quando abbiamo intrapreso il nostro viaggio, però, ci siamo posti un obiettivo: quello di guardare le cose da un altro punto di vista, di provare a uscire dal seminato seguendo la luce di un raggio di sole in luoghi dove non avremmo mai pensato di mettere il naso. Ci sono un mucchio di cose, in natura, che stanno sotto i nostri occhi senza che noi riusciamo a vederle – e sì, tra queste ci sono anche molti erbivori.

I principali divoratori di erba, infatti, non sono le mucche, e neppure le giraffe e gli elefanti. Sono molto più piccoli, invece, ma abbastanza numerosi da processare una massa vegetale di impressionanti proporzioni. Stiamo parlando degli insetti, creature antichissime dalle abilità nascoste e sorprendenti!

Un primo esempio ci arriva dai Lepidotteri, cioè la grande famiglia che comprende sia le farfalle diurne sia quelle notturne. Questo importante gruppo è costituito da ben 200.000 specie, che hanno una cosa in comune: più invecchiano, più diventano belle. Come tutti sappiamo, infatti, prima di colorare il cielo con le loro ali brillanti le farfalle hanno una forma simile a quella dei vermi, e anziché volare strisciano per terra. Oltre a essere sgraziati, i bruchi hanno un appetito terribile che li tiene ancorati a ogni vegetale commestibile che incontrano sulla loro strada. Ciascun bruco necessita di un quantitativo di cibo pari a dieci volte il proprio peso: per assumere una tale quantità di erba e foglie, non può fare altro che tenere la bocca impegnata dall'alba al tramonto, masticando ininterrottamente fino a quando, alla sera, la stanchezza e la bassa temperatura bloccano il suo metabolismo dandogli un po' di tregua. Inoltre bisogna tenere conto del fatto che, mentre i mammiferi sono capaci di consumare quasi esclusivamente le parti tenere come le foglie, gli steli erbosi e i frutti, i bruchi possono processare anche le radici, la linfa elaborata, il polline, e in alcuni casi perfino il legno, una sostanza tra le più indigeste che esistano in natura.

Ora, se proviamo a moltiplicare il quantitativo di cibo consumato quotidianamente da un bruco per le 200.000 specie di farfalle esistenti, otteniamo un numero ovviamente molto alto. Se poi continuiamo a moltiplicarlo per i miliardi di miliardi di individui che appartengono a ciascuna delle 200.000 specie, il risultato è una cifra da capogiro. Non è finita: a questo numero dobbiamo sommare anche la quantità di vegetali consumata dagli altri erbivori – uccelli, mammiferi, pesci, anfibi. Ecco che il numero ottenuto diventa così alto da risultare incalcolabile.

È naturale che questa brama di nutrimento scateni una colossale guerra tra gli erbivori e le piante: da una parte queste ultime resistono al continuo e pressante attacco crescendo e ricrescendo, fino a ricoprire di verde gran parte della superficie terrestre; dall'altra gli insetti sono sempre più numerosi e difficili da gestire. A tutt'oggi, la natura non ha ancora sancito chi può mettersi dalla parte dei vincitori e chi dei perdenti. L'unica cosa certa è che entrambe le fazioni possiedono delle armi di difesa e di attacco davvero efficienti.

La cimice che non invecchiava

Tra gli insetti, ce ne sono alcuni che possono scegliere quale dieta seguire. Le cimici, per esempio, si dividono tra predatrici, ematofaghe (cioè quelle che si nutrono esclusivamente di sangue) e vegetariane. Queste ultime sono le più numerose, e tra le migliaia di specie spicca un piccolo esemplare nero e rosso, facile da osservare soprattutto in autunno, quando si raduna a frotte nei pressi dei tronchi degli alberi per cercare un rifugio per il freddo inverno. Si chiama *Pyrrhocoris*, un nome che si può tradurre letteralmente come "corazza rossa": la massa di insetti aggrovigliati l'uno sull'altro sulla corteccia crea infatti l'impressione di una corazza dalle sfumature rosse. E non a caso: un po' come per noi uomini in strada (pensiamo ai cartelli e ai semafori), spesso anche in natura il rosso è un segnale di pericolo. Nel caso di queste piccole cimici, serve ad allertare chiunque voglia avvicinarsi del fatto che sono velenose, per cui è bene che i predatori si tengano a debita distanza!

Il pirrocoride è il protagonista di una storia che si è svolta tra gli Stati Uniti e quella che una volta si chiamava Cecoslovacchia, e che ha avuto, come ultimo esito, un mondo migliore.

La prima parte della vicenda avviene in un tetro laboratorio di Praga. Qui l'entomologo Karel Sláma studia con grande successo il sistema ormonale degli insetti, utilizzando per i suoi test una folta colonia di pirrocoridi.

Siamo negli anni della cortina di ferro, ma i risultati degli esperimenti di Sláma sono talmente brillanti da creare una breccia e oltrepassare l'oceano. Quando gli scienziati dell'università di Yale lo invitano a passare qualche tempo nei loro ultramoderni laboratori, l'entomologo ceco non se lo fa ripetere due volte: carica armi, bagagli e pirrocoridi su un aereo e si stabilisce negli Stati Uniti, dove riprende la sua attività di ricerca.

A un certo punto, però, succede una cosa terribile: i pirrocoridi iniziano a sentirsi male e a manifestare strani sintomi: mantengono per lungo tempo la forma giovanile, senza mai diventare adulti. In pratica, non riescono a crescere, e di conseguenza neppure a riprodursi.

Come si spiega questa malattia? Sláma inizialmente pensa a qualche sostanza insetticida presente nel laboratorio, ma quando cambia sede la situazione non migliora. Anche l'ipotesi che sia il cibo degli insetti a essere contaminato si rivela senza fondamento.

I mesi passano e l'allevamento si riduce al lumicino, finché anche l'ultima cimice non si spegne, lasciando il povero Karel a domandarsi perché. Non potendo proseguire i suoi studi, Sláma torna a Praga e raccoglie una nuova colonia per riprendere con gli esperimenti: forse era stato il cambio di continente a provocare la strage di pirrocoridi. Invece, con sua grande sorpresa, anche nella vecchia Europa gli insetti continuano a morire. Non gli resta che una cosa da fare: analizzare scrupolosamente le differenze tra l'allevamento originario e quello dopo l'avventura oltrecortina.

Dobbiamo premettere che l'allevamento di questa cimice è piuttosto semplice: è sufficiente prendere alcuni esemplari, chiuderli in una capsula di Petri con un fondo di carta assorbente, fornirgli dei semi come cibo e metterli in un luogo caldo e luminoso.

In America, al nostro entomologo era stato fornito del materiale di prima scelta, tra cui dei fogli di carta assorbente nuovi di zecca, che lui aveva riportato con sé a Praga per allevare i nuovi insetti... Ed ecco, finalmente, scovato l'inghippo: la carta europea è diversa da quella americana; una deriva da legno di latifoglie (in particolare betulle), l'altra da quello di una specie di pino tipica degli Stati Uniti.

Cambiando la carta, la misteriosa malattia scompare all'istante. Cosa contiene il pino americano che le betulle europee non possiedono? La scoperta è talmente sorprendente e utile che se ne beneficia ancora oggi: nel legno americano ci sono delle sostanze chiamate "fitormoni", in grado di interagire con il sistema ormonale degli insetti e modificarlo radicalmente. Nel caso dei pirrocoridi, i fitormoni non permettono loro di diventare adulti, ma sono tantissimi gli insetti che subiscono effetti indesiderati quando vengono a contatto con queste sostanze.

Ebbene, è proprio grazie a questa scoperta che si è deciso di utilizzare i fitormoni per difendere le colture agrarie. Essi, infatti, sono alla base dei cosiddetti "insetticidi di quarta generazione", che rimpiazzano completamente i tossici, vecchi insetticidi con enorme vantaggio per i nostri ecosistemi, e il loro successo ha incoraggiato lo studio di altre tecniche di difesa ecosostenibili, incrementando il numero delle aziende che si dedicano all'agricoltura biologica.

Bomba a orologeria

La vasta porzione del continente americano che si estende dall'Argentina fino al Sud degli Stati Uniti è abitata da un genere di formiche che gli scienziati chiamano *Atta* e dalle persone normali conosciute come formiche tagliafoglie, perché è proprio questo il loro piatto preferito.

Ogni mattina, un plotone di operaie esploratrici esce dal nido sotterraneo in cerca di nuove fonti di cibo. Appena una riesce a scovare un albero o un prato ricco di foglie succulente, si posiziona in cima al vegetale e inizia a sfregare le sue zampe con uno speciale organo posizionato tra l'addome e il torace. L'effetto di questo movimento è un fischio, debole ma udibile anche dall'orecchio umano, stridulo e acuto.

Quando le sorelle che si aggirano nei dintorni percepiscono il fischio, abbandonano le loro faccende per raggiungere l'esploratrice; a quel punto, anche loro si mettono a fischiare, producendo un coro con un volume che cresce man mano che altre formiche accorrono all'adunata. Quando sono sicure di essere tutte presenti, e che nessuna di loro sia persa in mezzo alla foresta o al prato, il coro si zittisce e il massacro ha inizio: centinaia di mandibole si accaniscono sulle foglie dell'albero per farle a pezzetti, senza esitazioni e senza pietà. Ogni pezzetto misura pochi centimetri quadrati, e quando un'operaia lo stacca lo afferra e lo mantiene in verticale sopra di sé. Allora, si forma una processione: con il pezzetto di foglia a fare da stendardo, la famiglia si dispone in una fila ordinata e si dirige compatta verso casa.

Il pericolo, però, è dietro l'angolo: una minuscola mosca parassita ha ascoltato il coro delle formiche e si è diretta verso la famiglia mentre, ignara, era intenta a ridurre in brandelli le foglie dell'albero.

Questa piccola mosca sa attendere, come tutti i predatori degni di tale nome. Così, ben sapendo che l'arma delle tagliafoglie è costituita dalle mandibole, aspetta il momento in cui le operaie sono indifese perché hanno la bocca impegnata. A quel punto, sferra il suo attacco micidiale grazie a una risorsa segreta davvero speciale: un uovo! Con grande cautela, essa prova a posizionarsi in modo da deporre un uovo sopra il corpo della povera, ignara formica.

Si tratta di una bomba a orologeria: se l'assalto ha un esito positivo, dopo qualche giorno dall'uovo uscirà una piccolissima larva, talmente piccola da riuscire a infilarsi all'interno del corpo del suo ospite e iniziare... a mangiarselo. Il finale è drammatico: la formica perisce tra mille dolori, mentre la mosca diventa sempre più grande, si trasforma prima in pupa e quindi in un adulto che, dopo aver sfondato l'esoscheletro della sua vittima, esce allo scoperto per attaccare altre formiche.

Le tagliafoglie, ovviamente, non stanno a guardare. Non sono predatrici carnivore come le mosche, ma si sanno difendere egregiamente. La loro grande forza risiede, più che nelle mandibole taglienti, nella coesione del gruppo.

Esse si difendono viaggiando sempre in coppia composta da una sorella di stazza piuttosto grande che taglia e trasporta la foglia mentre l'altra ha un corpo più piccolo ma un carattere belligerante.

Mentre la formica grande trasporta il pezzetto di vegetale, la più piccola si posiziona in cima al ritaglio e scaccia, a suon di mandibole, i bombilidi in cerca di una vittima.

Piccoli chimici

Le operaie tagliafoglie viaggiano come i carabinieri: sempre in coppia, una grande che taglia e trasporta la foglia, una piccola che si posiziona in cima al ritaglio del vegetale e combatte per mantenere alla giusta distanza eventuali aggressori. Grazie a questa coesione, esse riescono a raggiungere il formicaio sane e salve.

Quando lo raggiungono, la grande deposita il suo raccolto e poi torna fuori, in attesa di un nuovo fischio.

Le più piccole, invece, restano a lavorare il brandello

vegetale: lo frantumano con le mandibole prodigiose, poi lo lasciano ad altre sorelle di dimensioni ancora inferiori che, dopo averlo ridotto in una polvere verde, lo inumidiscono con i loro escrementi liquidi.

Il risultato è una poltiglia che viene posizionata in speciali camere del formicaio, di dimensioni variabili (alcune sono grandi come una pallina da tennis, altre come dei palloni da basket). Quello che non cambia è il trattamento della poltiglia, che viene inoculata con degli antibiotici "fatti in casa": le formiche li producono da batteri che vivono sul loro torace per evitare che i microrganismi che abitano sottoterra intacchino il miscuglio vegetale facendolo marcire.

L'unica a sopravvivere all'effetto degli antibiotici è una muffa molto simile a quella grigia del pane, che inizia a impossessarsi della massa umida crescendo e propagandosi dappertutto. L'impasto si trasforma così in una sostanza leggera e spugnosa, che viene costantemente controllata dalle formiche: se qualche fungo estraneo riesce a insediarsi nonostante l'antibiotico, viene immediatamente rimosso.

Mentre sottoterra le guardiane si assicurano che l'impasto non vada a male, le tagliafoglie che operano in superficie si dirigono in fila indiana verso il bosco, dal quale tornano con tante goccioline di acqua. A cosa servono? A inumidire l'impasto, un po' come si fa quando si prepara il lievito madre. L'ultimo passaggio è la concimazione: le formiche riversano i loro escrementi sulla sostanza, ottenendo come risultato finale un'enorme spugna di colore grigio che odora di muffa.

Sembra un esperimento riuscito male, una di quelle poltiglie che i bambini preparano giocando al Piccolo Chimico... ma non lo è. Tutto questo – apparentemente disgustoso – procedimento serve per nutrire la muffa. Perché tanto disturbo? Il fatto è che le formiche, pur essendo erbivore, non hanno il superstomaco dei grandi mammiferi e pertanto non sono capaci di digerire la cellulosa; inoltre, molte piante dell'America centrale sono infarcite di veleni, proprio per evitare di farsi divorare dagli erbivori.

Il fungo ospite serve ad assimilare la cellulosa in sostanze digeribili e ricche di energia, trasformare il veleno in cibo delizioso e fornire al formicaio ben due pietanze diverse, adatte a tutte le esigenze: le larve e la regina si nutrono direttamente alla fonte, divorando abbondanti porzioni di muffa grigia, mentre gli adulti sfruttano la linfa elaborata e zuccherina che sgorga dai frammenti di foglia già processati.

La guerra con i carnivori

Il cerchio, a prima vista, si chiude: le formiche vivono placidamente, il fungo trova un ambiente ideale e un popolo che lo cura. Il lieto fine però non pertiene alla natura, anzi, dato che questa è una storia circolare, gli eventi si susseguono uno dopo l'altro. Se vegetariani e carnivori spesso faticano ad andare d'accordo anche tra gli esseri umani, nel mondo animale questa antipatia si trasforma in una guerra spietata: la posta in gioco, in questo caso, è la vita stessa.

Nel caso delle formiche tagliafoglie, il nemico è un esercito di cugine feroci e bellicose: le formiche *Nomamyrmex*. Il cibo preferito da questo popolo guerriero non sono le foglie degli alberi e nemmeno i germogli del prato; esse si nutrono proprio delle formiche *Atta*!

Per procacciarsi il cibo, l'esercito delle *Nomamyrmex* si sveglia al mattino presto e procede compatto verso il formicaio delle tagliafoglie. Quando arriva in prossimità del nido da saccheggiare, tra i due popoli inizia una grande battaglia: le attaccanti sfoderano un pungiglione velenoso che infilzano nel corpo delle nemiche; le altre si difendono a suon di mandibole taglienti, con cui spezzano l'esoscheletro delle intruse.

Il conflitto finisce quasi sempre nello stesso modo: con la conquista del nido da parte delle *Nomamyrmex*, più forti per indole e più abituate al combattimento. Esse, dopo aver ucciso tanti nemici, si intrufolano nel loro nido, ne percorrono i tortuosi cunicoli e raggiungono finalmente il loro obiettivo: le stanze in cui riposano, innocenti, le larve e le uova delle *Atta*, che verranno trasportate nel loro formicaio come bottino per sfamare tutta la colonia.

Prima di tornare nella loro roccaforte, però, le *Nomamyrmex* lasciano un segno indelebile del loro passaggio. Alcuni soldati scelti si intrufolano nei corridoi delle tagliafoglie in cerca del luogo più riparato dell'intero formicaio: la stanza in cui la formica regina depone le uova. Una volta raggiunta la camera segreta, le *Nomamyrmex* sfoderano il loro pungiglione velenoso con cui infilzano, uccidendola, la madre di tutte le formiche, la più importante della colonia.

Adesso, il cuore dell'intera famiglia si è spento e il formicaio è destinato a collassare. I pochi sopravvissuti, non riuscendo a coordinarsi tra loro, abbandonano la casa per aggirarsi raminghi tra i prati e le foreste intorno. Soli, tra le erbe alte e gli alberi che sfidano il cielo, incontrano presto la loro inevitabile morte.

La lucertola vendicatrice

Quella della guerra fratricida tra formiche carnivore e vegetariane è una storia di violenza e sangue, apparentemente senza vie d'uscita. Eppure, nella vasta porzione del continente americano che si estende dall'Argentina fino al Sud degli Stati Uniti, così come in tutto il mondo in cui il cerchio della vita ruota costantemente, le vicende degli organismi si aprono sempre a nuove prospettive che spaiano le carte del gioco.

La natura, infatti, ha fatto comparire proprio in quella porzione di territorio una lucertola dal nome di *Amphisbaena alba*. A prima vista, questo rettile si può confondere con una biscia, oppure con un serpente, dato che è sprovvisto di zampe e si muove strisciando, esattamente come i suoi parenti dalla lingua biforcuta. Ma la luce del nostro raggio di sole ci guida sicura mostrandoci ogni dettaglio: nessun errore, dunque, si tratta proprio di una lucertola – carnivora, come tutte le lucertole.

Essa si aggira per i prati in cerca di insetti, il suo pasto preferito, e per trovarli si serve dell'olfatto estremamente sensibile. Talvolta, durante il suo peregrinare, le mucose olfattive dell'*Amphisbaena* vengono solleticate dall'inconfondibile odore del feromone "traccia" delle formiche *Atta*.

Queste formiche, come tutte le formiche, comunicano, oltre che con i suoni, anche attraverso i feromoni. Quello chiamato "traccia" viene deposto sul terreno da una operaia esploratrice che ha scovato una fonte di cibo e sta tornando a casa. Le compagne, sentendo l'aroma, seguono questa traccia a ritroso fino a raggiungere la fonte del nutrimento. È per questo che le formiche si muovono tradizionalmente in fila indiana: stanno seguendo tutte la stessa scia olfattiva.

Si tratta quindi di un evento piuttosto comune; eppure, quando la lucertola percepisce l'odore, il suo destino cambia radicalmente. Essa interrompe immediatamente la sua ricerca di cibo per seguire il filo aromatico che la porta dritta nel nido delle formiche. A questo punto, scava un ingresso secondario e prende alloggio in una delle comode stanze in cui i funghi crescono rigogliosi e processano l'impasto vegetale. La cosa strana è che le formiche – note per essere particolarmente inospitali, come abbiamo visto nel caso degli insetti stecco – stranamente tollerano questo intruso e non fanno nulla per scacciarlo. Da parte sua, la lucertola si dimostra un inquilino discreto e dal formicaio non cerca né cibo né lavoro. Semplicemente, al riparo sottoterra, la *Amphisbaena* rimane in attesa. Di cosa? Delle terribili formiche *Nomamyrmex*!

Quando il loro esercito bellicoso si appresta alla conquista del nido delle tagliafoglie e la sanguinosa battaglia si scatena, le viscere della Terra iniziano a borbottare. Improvvisamente, proprio quando le *Atta* sono sul punto di soccombere, un gigantesco rettile con le fauci spalancate giunge in loro soccorso! La lucertola si muove forsennatamente e, a ogni movimento del capo, inghiotte intere legioni di invasori, che spariscono all'interno del corpo del rettile. Le formiche battagliere cercano disperatamente di pungerla, ma è tutto inutile. La lucertola è troppo grande e troppo forte, così l'onda nera delle formiche *Nomamyrmex* si affievolisce sempre più, fino a scomparire.

La *Amphisbaena* è un elemento sorpresa nella guerra tra formiche, un cavallo di Troia che assicura alle tagliafoglie di mantenere salvo il loro nido, non solo contro gli attacchi delle "cugine" carnivore, ma anche contro le miriadi di coleotteri che ogni giorno cercano di varcare i confini del formicaio nel tentativo di rubare un pezzetto di fungo. Dopo la vittoria, ogni cosa torna al suo posto: le operaie riprendono il loro andirivieni nei campi, mentre la lucertola si ripara nel suo antro oscuro sottoterra.

Piccole, ma micidiali

La simbiosi tra le formiche tagliafoglie e la *Amphisbaena* è apparentemente perfetta: il rettile ha a disposizione un pasto abbondante, non è costretto a strisciare per i prati in cerca di insetti e, per di più, alloggia in una casa sotterranea comoda e ben protetta. D'altra parte, anche le formiche hanno un indiscutibile vantaggio: dove possono trovare un alleato così potente?

Può succedere, però, che questo idillio si incrini. Scoraggiati dalla presenza della lucertola, gli attacchi delle *Nomamyrmex* si fanno sempre più rari e, come spesso accade lungo il cerchio della vita, quella che sembra una buona notizia è in realtà il principio di una crisi. Lo stomaco del rettile inizia a borbottare per la fame e, non trovando intorno a sé nemmeno l'ombra delle sue pietanze preferite, per placarla comincia a fare incetta di larve e di uova della sua povera coinquilina, che ovviamente subisce senza ribellarsi: la lucertola è troppo potente, sia come amico sia come nemico.

Se però usciamo dall'oscurità del nido e lasciamo che il nostro sguardo si allarghi, oltre le formiche e il loro piccolo mondo riusciremo a vedere l'intera foresta: allora sì che troveremo una vera simbiosi.

Gli alberi e le erbe del prato nutrono le tagliafoglie, le quali, a loro volta, sostengono la vita delle piante con le loro gallerie sotterranee, che fanno arieggiare il terreno rendendolo idoneo alla crescita delle radici. Salde radici permettono alle chiome di slanciarsi verso l'alto e quindi produrre tante foglie, perpetuando un ciclo senza fine.

Ogni intoppo, in questo cerchio, si trasforma in un modo per disinceppare il meccanismo e mantenere l'equilibrio, proprio come avviene con le lucertole, che consentono alle tagliafoglie di sopravvivere, ma non di spadroneggiare all'interno della foresta. D'altro canto, queste formiche sono dotate di una capacità di adattamento sorprendente, e sanno sfruttare un apparente svantaggio (come le loro dimensioni ridotte) per farsi valere. Insomma: sono piccole, ma micidiali.

Un esempio perfetto si mostra con l'arrivo degli esseri umani, che sono da sempre i maggiori elementi di disturbo in questo circuito che ruota da milioni di anni. La loro fame atavica li spinge a coltivare sempre nuove terre e a tagliare sempre più legname. Gran parte delle foreste che ricoprono la superficie terrestre – e non soltanto nell'habitat delle tagliafoglie – sono state abbattute per accogliere immensi campi coltivati.

Il disastro che ne consegue è facile da immaginare: sparita la foresta, dovrebbero sparire anche le formiche. E invece no: questo popolo antico ha trovato il modo di sopravvivere. Di giorno le operaie, anziché dirigersi verso gli alberi, vanno a cercare il cibo direttamente nei campi, dove prelevano grandi porzioni di foglie.

Purtroppo non si può piacere a tutti, e la simbiosi che avevano con gli alberi, nata dopo milioni di anni di convivenza, con le piante agrarie non riesce a instaurarsi. Esse provengono da ogni angolo del mondo, e non hanno mai dovuto adattare le proprie abitudini alla presenza delle tagliafoglie. Così, i campi coltivati si riempiono di scheletri di vegetali destinati a soccombere di fronte al microscopico nemico.

E gli inconvenienti non terminano qui, anche uomini e animali finiscono vittime di questa convivenza forzata: i formicai, con tutte le loro camere, si possono ramificare per metri e metri nel sottosuolo, arrivando a coprire una superficie complessiva davvero notevole. Non è quindi raro che, in queste terre rubate alla foresta, un trattore o un animale allevato si ritrovi a camminare sul sottile strato che separa il mondo esterno da quello sotterraneo. A causa del grande peso, il labile confine si frantuma e il malcapitato – macchina agricola o animale che sia – sprofonda e precipita verso il basso!

Bocca a siringa

Ora è arrivato il momento di lasciare le tagliafoglie e il loro nido per continuare il nostro viaggio lungo il cerchio della vita. I prossimi abitanti della biosfera che incontriamo hanno aggirato brillantemente ogni singola strategia adottata dai vegetali per non farsi mangiare. L'indigeribilità della cellulosa non li riguarda, il problema dei veleni non li sfiora e i lembi dentellati delle foglie non li preoccupano. Essi superano le barriere vegetali dirigendosi direttamente verso il cuore della pianta, e cioè verso il liquido zuccherino che scorre all'interno di ogni vegetale: la linfa.

Stiamo parlando degli afidi e delle cocciniglie, due insetti strettamente imparentati tra loro e dotati di una bocca molto speciale: è grazie a lei che riescono ad annientare ogni ostacolo e barriera che li separa dal nutrimento che cercano. Simile a una lunga siringa, essa si conficca nei tessuti vegetali fino a raggiungere il dolce fiume di acqua e zucchero che fluisce dentro di loro.

Per proteggere il suo "sangue", la pianta cerca di posizionare i vasi floematici nel punto più profondo del proprio corpo; di conseguenza, la siringa degli afidi e delle cocciniglie deve avere una lunghezza tale da conquistarsi il nutrimento. Non solo: con il passare del tempo, i tessuti della pianta diventano sempre più duri e resistenti; non è un caso, quindi, che gli afidi agiscano principalmente in primavera, quando l'epidermide vegetale è ancora tenera e la siringa può pungere più in profondità.

Per quanto abili, però, questi insetti non sono invincibili. Ci sono anche degli svantaggi legati alla loro bocca prodigiosa: per esempio, una volta inserita, non è di facile estrazione e li costringe a rimanere fermi, dopo ogni pasto, per un periodo molto lungo. Inoltre, la linfa elaborata è un liquido molto ricco di zuccheri, ma povero di proteine e altre sostanze fondamentali per il metabolismo animale: in parole povere, non è un alimento completo. Per soddisfare i propri fabbisogni alimentari, afidi e cocciniglie sono costretti a succhiare litri e litri di linfa, restando incollati alla foglia per tutto il tempo.

Un problema, questo, che ne attira altri, tra cui uno davvero pericoloso che si può facilmente intuire: proprio come le piante che predano, questi animali non riescono a scappare, il che li rende, ovviamente, delle facili prede. Ma, proprio come le piante, tra un millennio e l'altro hanno trovato qualche soluzione ai loro problemi.

Rosso cocciniglia

Partiamo dalle cocciniglie. Questi insetti hanno una caratteristica fondamentale: in base al sesso, il loro aspetto cambia radicalmente.

Le femmine assomigliano a delle piccole patelle che vivono attaccate alla superficie dei vegetali, rivestite con una struttura in tutto analoga a una conchiglia. Per stare compatte all'interno del guscio, nel corso della loro vita rinunciano ad alcune cose che per altri insetti sono essenziali, come le zampe (che perdono invecchiando) e le ali (che non sviluppano mai). Il loro corpo si trasforma in un sacchetto pieno di uova, provvisto di una bocca a siringa lunghissima che rimane costantemente conficcata all'interno della pianta.

I maschi sono completamente diversi. Hanno le ali, le zampe e nessun guscio; sono in continuo movimento per ricercare le loro compagne; non si nutrono di linfa elaborata, ma del nettare dei fiori (come le api e gli altri insetti impollinatori che abbiamo già incontrato lungo il cerchio della vita) e non necessitano di tanto nutrimento perché non devono produrre tante uova. Qualche sorso di nettare è sufficiente a far partire il loro metabolismo e fare quel che devono – cioè fecondare le femmine, aggirandosi nei pressi delle loro colonie e infilando un lungo organo sessuale sotto le loro corazze.

La differenza tra i due sessi è così marcata che, fino all'inizio dell'Ottocento, gli entomologi cadevano sempre in inganno, convinti che i maschi non appartenessero affatto alla famiglia delle cocciniglie. A confonderli non era soltanto l'aspetto così diverso, ma anche il comportamento: sostenevano che i maschi fossero in realtà delle femmine di parassiti, e che il lungo organo fosse un ovodepositore in grado di infilare le uova all'interno del corpo dell'ospite.

Tornando alle femmine, la loro straordinaria somiglianza con le patelle non è un caso, ma un altro esempio di convergenza evolutiva. Anche i molluschi marini sono costretti a rimanere immobili per filtrare litri e litri di acqua, recuperando quel poco di sostanza organica contenuta nel liquido salato. Per proteggere il loro corpo molle, si dotano di una dura conchiglia che faccia loro da scudo.

Come abbiamo visto nei vegetali, alle volte non è sufficiente difendersi: bisogna dotarsi di qualche arma di offesa. Così, esattamente come le piante, le cocciniglie e i molluschi infarciscono i propri tessuti con delle sostanze velenose, oppure con coloranti che dissuadano i predatori.

È interessante notare che i colori, utilizzati dai fiori per attirare l'attenzione di potenziali partner, siano invece in questo caso indicatori di pericolo: il predatore non ha la sensibilità e la fantasia degli impollinatori, e quando incontra un colore inusuale, nel dubbio, si rivolge altrove.

L'uso del colore da parte di patelle e cocciniglie è anche al centro di due storie davvero bizzarre.

La prima è iniziata più di 4000 anni fa, nel luogo occupato attualmente dal Libano. Qui viveva il popolo dei Fenici, che aveva imparato a dominare le forze del mare e a raccogliere il vento vigoroso del Mediterraneo per farsi spingere alla ricerca di terre sconosciute, per conoscere nuovi popoli e mercanteggiare con loro.

Forti come le onde che attraversavano e potenti come l'aria che soffiava sulle loro coste, i Fenici mostravano il loro fiero carattere colorando le vesti di rosso: volevano attirare l'attenzione, ma anche essere temuti. Il rosso era un segnale che metteva tutti in allerta. A fornire il colorante era sempre lui, il mare: la materia prima arrivava da un mollusco piuttosto comune nei fondali sabbiosi, il murice, provvisto di una ghiandola ripiena di una sostanza color porpora. I Fenici pescavano queste conchiglie, le frantumavano e usavano il colore per tingere le stoffe.

Come possiamo immaginare, la sostanza vermiglia viene prodotta dal mollusco per allontanare i predatori, eppure il caso ha voluto che alla fine attirasse il più terribile tra i suoi nemici: l'uomo. Inoltre, se la quantità di colorante contenuta nella ghiandola è sufficiente a spaventare un animale, certo non basta per tingere le stoffe: per colorare un singolo vestito, i Fenici dovevano raccogliere migliaia di murici.

Raccogli oggi, raccogli domani, raccogli per centinaia di anni, va da sé che, nonostante la generosità del mar Mediterraneo, i poveri molluschi iniziarono lentamente a diminuire; così le vesti persero brillantezza, spegnendo l'orgoglio nazionale fenicio. Ma l'antico popolo non si diede per vinto e, stimolato dalla brama di colorante, si avventurò nel grande Oceano Atlantico per pescare le preziose conchiglie.

Viaggiando per tutto il Mediterraneo, i Fenici incontrarono il popolo romano, che venne contagiato dalla moda del rosso porpora. Anche per loro era un segno di potere e nobiltà – tant'è che tutti i senatori indossavano un ampio mantello vermiglio.

Ma il tempo sbiadisce le tinte, spegne le passioni e ridimensiona gli imperi. Dopo secoli di prosperità, i Fenici persero la supremazia dei mari e l'impero romano si frantumò in mille pezzi, ma il colore rosso mantenne il suo significato: solo che adesso, al posto dei mantelli dei senatori, c'erano le grandi tonache dei cardinali cattolici e, secoli dopo, le giubbe rosse della flotta britannica.

Cosa c'entra tutto questo con la nostra cocciniglia? C'entra eccome, perché il Mediterraneo era molto lontano dalla Gran Bretagna e a quel punto (siamo nel XVII secolo) i murici, dopo millenni di pesca, erano sempre più rari. Gli inglesi allora si rivolsero proprio a lei: alla cocciniglia, in particolare quella denominata *Kermes vermilio*.

E qui comincia la seconda storia, perché nel grande cerchio della natura i problemi sono la norma e anche la vita degli uomini non può che essere ricca di difficoltà. Le cocciniglie amano i luoghi caldi e secchi, cioè l'esatto contrario dell'uggioso, umido, freddo clima d'Inghilterra. Ricordiamoci però che ai tempi delle giubbe rosse gli inglesi avevano a disposizione l'impero più grande del mondo: di territori perfetti per l'allevamento delle cocciniglie potevano sceglierne a iosa. E fu così che le navi britanniche entrarono nel porto di Sidney cariche di piante di cactus provenienti dal Brasile, dove venne impiantato un allevamento di cocciniglie per colorare di orgoglio le giubbe di tutti i soldati dell'impero.

Qualcosa andò decisamente storto: mentre il cactus cresceva rigoglioso, l'insetto stentava ad acclimatarsi. Mentre la ragione prima dell'impresa, cioè la cocciniglia, non dava i risultati sperati, la pianta riuscì a varcare i confini dei campi coltivati e a espandersi per tutto il territorio australiano. All'inizio del Novecento, il bosco di cactus aveva raggiunto delle dimensioni apocalittiche. Come risolvere questa situazione? Gli inglesi andarono in Brasile, raccolsero una farfallina ghiotta di piante di cactus e la portarono in Australia: dopo qualche anno, questo spinoso problema era stato eliminato.

Ma il colore rosso era destinato a combinare altri guai all'impero britannico: i nemici potevano scorgere i soldati anche da molto lontano e sparar loro addosso tutto quello che avevano in canna! Si decise dunque, saggiamente, di dismettere le giubbe rosse e di utilizzarle soltanto in tempo di pace, oppure per le grandi cerimonie ufficiali.

È la fine quindi del colore rosso? No, il vermiglio delle cocciniglie si può ancora trovare, ma non placa più la fame di orgoglio – piuttosto, quella dello stomaco. Esso viene infatti usato per colorare un liquore molto diffuso in pasticceria, in particolare quella, deliziosa, siciliana: i pasticcini che contengono il liquore Alchermes sono irresistibili sia alla vista sia al palato.

Dai cardinali all'esercito, dai senatori romani alle pasticcerie siciliane... Le storie che intersecano le cocciniglie, il colore rosso e gli esseri umani sono un esempio perfetto del cerchio della vita: perché basta un insetto piccolissimo per creare e sconvolgere un universo intero.

Insetti matrioska

Dei parenti stretti delle cocciniglie sono gli afidi, conosciuti anche con il nome poco lusinghiero di "pidocchi delle piante". Esattamente come le loro cugine, gli afidi in primavera si posizionano sulle piante e ne suggono la linfa zuccherina, ma c'è una differenza non da poco: essi non possiedono alcuna protezione; sono teneri, dolci e davvero gustosi. Non è un caso che, appena raggiungono una pianta, un vero e proprio esercito di predatori si precipita su di loro e ne mangia a più non posso! Coccinelle, crisope, larve di sirfidi, larve di *Aphidoletes*, parassitoidi, tutti insieme appassionatamente per banchettare a spese degli afidi.

Eppure, a dispetto della loro facilità di predazione, sono animali che si trovano dappertutto. Tanto per fare un esempio, basti pensare che l'*Aphis gossypii* – una specie di afide – è l'insetto più dannoso per l'agricoltura di tutto il mondo.

Come fanno quindi a non scomparire, e, anzi, a prosperare così bene? Le armi a loro disposizione sono sottili, difficili da individuare ma estremamente efficaci. Una delle strategie usate dagli afidi prende il nome di "strategia R" e consiste nel riprodursi velocemente e frequentemente. Per fare questo, hanno stabilito di eliminare, per gran parte dell'anno, il genere maschile: in questo modo il cento per cento della popolazione è in grado di generare dei figli.

Per metterli al mondo il più presto possibile, gli afidi non depongono uova, ma partoriscono direttamente delle piccole figlie che... alla nascita sono già incinte a loro volta! Come si spiega un simile prodigio? Questo fenomeno prende il nome di "inscatolamento delle generazioni" e assomiglia, concettualmente, a una matrioska: dentro una bambola grande ce n'è una più piccola, che a sua volta ne contiene una ancora più piccola e così via.

Questo strano fenomeno consente a un'afide di diventare mamma e nonna insieme. Il risultato è sorprendente: milioni e milioni di afidi che succhiano la linfa elaborata, alla faccia dei nemici che li assalgono. La loro capacità riproduttiva è più veloce delle mandibole affilate dei carnivori e consente alla specie di sopravvivere.

Ovviamente non è l'unico asso nella manica. Un altro meccanismo di difesa prende il nome di "feromone di allarme" ed è una sostanza volatile emessa da due strutture filiformi, i cornicoli, che svettano sopra l'addome dell'insetto. Quando un afide si accorge di un pericolo imminente, ne rilascia un po'; l'aroma viene percepito dalle antenne dei compagni, che si uniscono a lui nel secernere la sostanza. In breve tempo si forma un "coro" di odori che per noi umani è difficile da annusare ma facile da vedere: gli afidi alzano in modo coordinato i loro addomi, dando vita a un'onda che si propaga per tutta la colonia. Appena il nemico si allontana, smettono di emettere il feromone di allarme.

Bisogna però stare attenti alle quantità: se la quantità

propagata è bassa, la calma ritorna e tutti riprendono a succhiare la linfa senza effetti collaterali, ma se invece la dose è alta, tutti gli afidi interrompono la loro attività e si gettano a terra senza riuscire a ingurgitare alcunché. Ma non c'è nulla da temere: grazie alla loro capacità di riproduzione, i pochi sopravvissuti riportano in brevissimo tempo la popolazione al consueto livello.

Afidi domestici

Per gli afidi, come molti animali erbivori, la parola chiave è "comunità". All'interno delle colonie, i singoli si coordinano perfettamente tra loro, con relazioni talmente strette che la formazione viene considerata alla stregua di un unico animale, che prende il nome di "superorganismo".

Unire le forze può essere la chiave per sopravvivere e per fare incetta di cibo. Le relazioni possono allargarsi e coinvolgere individui appartenenti anche a specie diverse – proprio come fanno le piante, che sanno stringere alleanze formidabili per attenuare i problemi legati all'immobilità, elargendo liquidi zuccherini in cambio di difesa.

Anche gli afidi ripagano gli alleati con lo zucchero. La linfa di cui si nutrono, infatti, all'interno della pianta viene usata come sistema di trasporto per trasferire glucosio dalle foglie agli altri organi – le radici, i frutti, i semi, alle volte i fusti. Va da sé, quindi, che nella dieta di questi insetti gli zuccheri sono talmente abbondanti che occorre trovare un sistema per liberarsi di quelli in eccesso. La risposta degli afidi (ma anche delle cocciniglie) è espellerli sotto forma di una sorta di melassa.

Questa sostanza zuccherina, una volta espulsa, ricopre gli afidi con uno spesso strato che funge da barriera contro le condizioni meteorologiche avverse. Ed è lei, ovviamente, la moneta con cui vengono pagati i protettori.

Le formiche, ormai le conosciamo, vanno letteralmente pazze per lo zucchero, al punto che non si chiedono da dove arrivi, se sia più o meno puro o più o meno a chilometro zero: semplicemente, quando lo scovano, fanno di tutto per proteggere lui e la fonte da cui proviene.

L'amicizia tra afidi e formiche è molto antica, anche se nel corso del tempo, da amicizia vera e propria, si è trasformata in un rapporto simile a quello che hanno gli allevatori con il bestiame: in pratica, le formiche trattano gli afidi come i loro animali domestici. Esse sono riuscite a sviluppare una speciale tecnica di "mungitura" per ottenere cibo dagli afidi: con le loro antenne tamburellano il loro addome, finché quelli non reagiscono emettendo una gocciolina dolce, che subito viene prelevata e condivisa dalle sorelle della famiglia. Non solo: le guerriere del prato hanno imparato anche la pastorizia. Così, quando il loro bestiame a sei zampe ha esaurito il getto, viene prelevato con le mandibole e trasportato su una nuova pianta tutta da sfruttare. Quando le condizioni meteorologiche si fanno critiche, di nuovo le formiche afferrano con le mandibole gli afidi e li portano al sicuro nel loro nido sotterraneo. Quando il sole splende nel cielo e le piante riprendono vita, è arrivato il momento di riportarli ai verdi pascoli!

Cosa ci guadagnano gli afidi, in tutto questo? Vengono protetti dai guerrieri neri, offrendo in cambio del cibo abbondante e di alta qualità.

La speranza ha la forma di un termitaio

Sono molti gli animali che si riuniscono in società per contrastare i predatori. Il nostro raggio di sole ce ne ha mostrati alcuni – gli afidi, le formiche, le api – ma non ci ha ancora presentato i più antichi, quelli che da più tempo abitano sul nostro pianeta. Si tratta delle termiti.

Questi insetti assomigliano alle formiche, non per un vicino grado di parentela ma per un fenomeno di convergenza evolutiva: entrambi hanno scelto l'oscurità della terra come regno da abitare, e questo ha fatto sì che incontrassero, lungo il cerchio della vita, gli stessi problemi, ai quali hanno risposto con le medesime soluzioni. La forma del corpo si adatta sempre alle condizioni in cui vive; è naturale, quindi, che due animali che occupano lo stesso habitat abbiano un aspetto simile.

Dal punto di vista sistematico, le formiche discendono dalle api (sono cioè api che, milioni di anni fa, hanno deciso di rinunciare al volo per rifarsi una vita sottoterra), mentre le termiti sono strettamente imparentate con gli scarafaggi. Eppure, la loro somiglianza non è soltanto fisica, ma anche, per così dire, culturale: la loro struttura sociale è pressoché identica, basata sulla presenza di un'unica madre, la regina, e tante figlie sterili che si occupano del nido e dei suoi bisogni. A differenza delle formiche, però, nel termitaio i maschi ci sono e hanno un ruolo. Anche loro sono sterili, al pari delle sorelle, e si occupano in particolare di proteggere il nido.

L'unico, fortunato maschio fertile che ha il privilegio di accoppiarsi è il re. Re e regina non hanno né gli stessi diritti né gli stessi doveri: è lei, la madre di tutti gli individui della colonia, a deporre le uova; nel corso della vita può arrivare a produrne ben 80 milioni, ma per farlo ha bisogno di un lungo lasso di tempo – e infatti può vivere fino alla veneranda età di 90 anni. I maschi non si occupano della deposizione delle uova e, dunque, non vivono così a lungo: un re può vivere al massimo tre anni. Questo significa che la regina deve continuamente cambiare il marito, dando vita a situazioni davvero bizzarre, come quando la sovrana, ormai novantenne, procede ad accoppiarsi con un "toy boy" di appena qualche mese di vita!

Tutta questa attenzione nei confronti della sovrana è equilibrata dal ruolo indispensabile svolto dal gruppo. Le termiti si radunano a milioni in un nido gigantesco, in un andirivieni che è confuso solo in apparenza: sotto questo brulichio di insetti si cela un ordine segreto, capace di costruire cose straordinarie.

La più straordinaria di tutte è il termitaio stesso: i termitai sono costruzioni che possono raggiungere incredibili altezze (nella savana africana ne esistono alcuni che arrivano a 12 metri e scendono nelle viscere della Terra per 40!); vanno in profondità nel terreno e, contemporaneamente si ergono verso il cielo. Questo perché le termiti hanno bisogno sia dell'umidità, che trovano nelle profonde falde acquifere, sia dell'aria, che trovano abbondante nel cielo. La cosa ha dei vantaggi anche per gli ecosistemi in cui vengono costruiti i termitai. Ecco un esempio: in alcune zone dell'Africa tropicale, così come in Asia meridionale e in Australia, si alternano dei periodi molto secchi con altri particolarmente piovosi. Durante questi ultimi, l'acqua può cadere in maniera così abbondante da far straripare i fiumi e ricoprire le pianure. Così come la luce porta la vita ma, se troppo intensa, è capace di toglierla, allo stesso modo si comporta l'acqua. La giusta dose è necessaria per i processi vitali, mentre le grandi inondazioni distruggono tutto quello che un tempo cresceva rigoglioso. Proprio quando l'acqua diventa troppa, una speranza si accende: questa speranza ha la forma di un termitaio! Mentre tutto è sommerso, esso diventa una piccola isola capace di ospitare semi di piante, piccoli mammiferi e insetti. Quando l'acqua si ritira e il terreno ritorna a mostrarsi, la vita che aveva raggiunto la sommità del termitaio interrompe il suo periodo da naufraga, scende e riconquista, semino dopo semino, passetto dopo passetto, le intricate relazioni tipiche di questi ambienti così complessi.

Re, regine, uova e funghi

Come fanno i termitai a restare in piedi nonostante le inondazioni? Il segreto risiede nella tecnica costruttiva: essi sono edificati miscelando la terra con una sostanza collante, prodotta dalle mandibole delle stesse termiti. Le pareti risultano particolarmente solide e impermeabili all'acqua, e anche la struttura è perfettamente congegnata: al loro interno si dirama un reticolo di gallerie costruito in modo tale da permettere alle correnti d'aria di spirare agevolmente e mantenere intatte le condizioni di umidità e di temperatura. Anche lo scambio con l'esterno avviene in maniera mirabile: le pareti del termitaio sono sì impermeabili all'acqua, ma non ai gas, che viaggiano tranquillamente tra dentro e fuori. Questo è fondamentale, perché gli insetti producono grandi quantità di anidride carbonica (che deve essere eliminata in quanto tossica), mentre necessitano di ossigeno per far funzionare il loro metabolismo. Grazie alle caratteristiche del nido, i due gas si scambiano di posto: l'anidride carbonica esce mentre l'ossigeno entra, permettendo all'aria nel nido di rimanere sempre pulita.

Il termitaio è un efficiente polmone e, al contempo,

una fortezza inespugnabile. La sua parte più interna e protetta ospita, in una camera appositamente costruita, la coppia reale – il giovane re che non fa praticamente nulla e l'attempata regina che depone costantemente uova, che vengono prelevate e trasferite in altre camere appositamente progettate.

Poi ci sono le riserve di cibo, e quindi i giardini con i funghi. Le termiti, infatti, si nutrono di materiale vegetale, ma anche di lignina, una sostanza ancora meno digeribile della cellulosa. Per questo, esattamente come le formiche, hanno infatti instaurato una simbiosi con muffe e funghi per digerire l'indigeribile.

Esattamente come per le formiche, il materiale viene masticato, inumidito con la saliva e concimato con gli escrementi. I funghi crescono vigorosi all'interno del nido e sviluppano dei corpi fruttiferi tondeggianti, detti "sferule", che rappresentano parte del cibo delle termiti adulte. Ma il loro ruolo non si limita alla mera alimentazione: i funghi sono coinvolti anche nella regolazione dell'umidità all'interno del nido, quindi servono anche da "condizionatori".

L'alimentazione estrema delle termiti necessita di un sistema digestivo particolarmente complesso e quindi, oltre ad assomigliare alle formiche, esse riproducono in miniatura il sistema utilizzato dai bovini e dagli altri ruminanti. Sono infatti dotate di un apparato digerente formato da diversi comparti, un superstomaco piccolissimo ma estremamente potente.

L'epoca d'oro delle termiti italiane

Nonostante la loro capacità di coalizzarsi formando colonie forti e potenti, le termiti difficilmente riescono a uscire dal loro habitat e tendono a rimanere in zone temperate, soprattutto lungo la fascia tropicale.

Eppure, nel 1947 venne creato in Italia un istituto per combattere loro e i danni che potevano arrecare ai palazzi degli umani.

Com'è possibile che si siano spinte fino a noi e che siano riuscite a prosperare al punto da essere ritenute un temibile nemico pubblico?

Per capire il motivo di questo periodo d'oro delle termiti italiane dobbiamo tornare indietro nel tempo, e precisamente al primo settembre del 1939, quando le forze armate tedesche invadono la Polonia. È l'inizio della Seconda guerra mondiale, che, secondo le previsioni degli strateghi tedeschi, sarebbe stata una "guerra lampo".

Il governo italiano si dichiara inizialmente "non belligerante", ma il 10 giugno del 1940, dal suo balcone che affaccia su piazza Venezia, Benito Mussolini annuncia l'entrata in guerra dell'Italia: i tedeschi macinavano vittorie, allearsi con loro avrebbe sacrificato poche vite e regalato grandi vantaggi a tutta la nazione.

La guerra, invece, si protrae fino al 1945, quando il Comitato di Liberazione Nazionale Alta Italia comunica la morte del Duce avvenuta a Giulino, in provincia di Como.

Sotto le ceneri e le macerie del conflitto stava però covando un'altra guerra: quella contro le termiti.

Per la prima volta nella storia, le bombe avevano abbandonato le trincee e i confini di guerra per inoltrarsi nelle città. Le case, le chiese e i palazzi di tutta Europa erano crollati sotto la pioggia di ordigni e alla fine del conflitto tutto, Italia compresa, era ridotto a un cumulo di macerie.

Tra i mattoni rotti e polverosi, tra le pietre distrutte, si poteva scorgere – ormai a brandelli – il legno un tempo usato come materiale da costruzione. Una visione infernale per gli umani, ma paradisiaca per le termiti, che, probabilmente arrivate in nave dalle ormai perdute colonie africane, iniziarono il loro banchetto. Dalle macerie, si propagarono poi nelle case civili: i danni, come si può facilmente immaginare, furono enormi. Ecco perché si decise di istituire un organo dello Stato per combattere questa orda selvaggia.

La guerra contro le termiti fu principalmente chimica: senza alcuno scrupolo, nei confronti degli insetti vennero usati prodotti che, qualche anno prima, avevano ucciso milioni di innocenti nelle camere a gas dei lager nazisti. Tutte le guerre finiscono, e anche quella contro le termiti si esaurì: gli invasori vennero uccisi e il legno venne riportato sopra i tetti. Il clima piuttosto mite dell'Italia ha permesso però ad alcune frange di termiti di resistere all'attacco; ora vivono relegate in pochissimi punti della penisola.

La colonia più resistente, che ancora procura seri danni alle travi di legno, è quella della Città del Vaticano. Le vecchie travi di San Pietro permettono alle termiti di sfamarsi nonostante il profuso sforzo degli esseri umani per toglierle di mezzo.

Se i danni in Italia, e in generale in Europa, sono limitati per la scarsità del legno come materiale costruttivo, in posti come gli Stati Uniti d'America le termiti mangiano che è un piacere: ancora oggi, sono circa 2 milioni le case degli americani che ogni anno finiscono in pezzi, smantellate dalla vorace fame di questi insetti!

Temperatura perfetta

Tra gli uomini e le termiti non c'è solo una relazione conflittuale.

Per esempio, a Harare, nello Stato africano dello Zimbabwe, si staglia un enorme centro commerciale inaugurato nel 1996, capace di accogliere 5600 metri quadri di negozi, 26.000 metri quadri di officine e, nel sotterraneo, ben 450 posti auto.

L'Eastgate Centre – questo il suo nome – è formato da due edifici, posti uno di fronte all'altro e collegati da una copertura vetrata che lascia spazio alla circolazione dell'aria. Dei ventilatori a basso consumo energetico aspirano l'aria dallo spiazzo tra i due edifici e la pompano in appositi condotti verticali all'interno dei due corpi di fabbrica, in modo che attraversi tutti i piani, per poi uscire all'esterno dai camini. Questo meccanismo ha una duplice funzione: da un lato garantisce il ricambio d'aria degli ambienti, dall'altro mantiene la temperatura sempre costante.

Cosa c'entrano le termiti? C'entrano eccome, perché l'Eastgate Centre mima proprio il sistema di raffreddamento e riscaldamento naturale di un termitaio, riuscendo nell'incredibile impresa di mantenere la temperatura costante senza l'uso del condizionatore (in un posto in cui si può passare nell'arco di una giornata dai 37 ai 3 gradi centigradi)! All'interno del centro si gode di una eterna primavera, che ha permesso di risparmiare in energia elettrica ben 3,5 milioni di dollari.

Un grande successo che è stato, ovviamente, replicato in altre parti del mondo. Nel centro di Londra svetta un enorme palazzo chiamato Portcullis House. Nelle stanze sempre fresche si aggirano i senatori del governo inglese, i quali possono elaborare le loro proposte di legge in un clima perfetto. Anche in questo caso, l'architetto Michael Hopkins si è ispirato al nido delle termiti e al suo perfetto condizionamento.

Molti nemici, molto onore

I regali delle termiti non si limitano ai consigli su come mantenere la temperatura costante all'interno degli edifici: grazie alla loro capacità di trasformare la cellulosa e la lignina in sostanze pregiate come lipidi e proteine, esse sono considerate un cibo prezioso. Dal punto di vista nutritivo infatti, 100 grammi di termiti africane contengono 610 calorie, 38 grammi di proteine e 46 di grassi: molto meglio di un hamburger ben cotto!

Queste risorse non passano inosservate nella foresta africana, e infatti le termiti hanno non pochi nemici. I più terribili sono le formiche matabele, che formano delle colonie immense (costituite anche da 20 milioni di unità) e prendono il nome da una delle tribù africane più spietate di tutti i tempi. Durante tutto il XIX secolo i matabele umani razziavano e distruggevano tutto ciò che incontravano nel loro cammino; la stessa cosa fanno le matabele a sei zampe: nella parte meridionale del Sahara formano delle legioni che quotidianamente assalgono i grandi termitai!

La battaglia si consuma in un'ora, come una vera *Blitzkrieg*. Dalle due alle quattro volte al giorno, le formiche procedono in lunghe file ordinate alla volta dei nidi nemici. Arrivate in sito, con le loro formidabili pinze neutralizzano le termiti soldato e uccidono tutte le operaie pizzicandole in bocca con un pungiglione; una volta varcata la soglia della fortezza, si avviano verso le stanze segrete e fanno razzia di uova e larve. Non distruggono l'intera famiglia, stanno attente a lasciare un numero molto alto sia di uova sia di larve, per permettere alle termiti di riprendersi e trasformare ancora legno e foglie secche in nutrimenti preziosi da depredare.

Le termiti, ovviamente, non stanno a guardare. I soldati, per proteggere la loro casa, stringono le matabele in un morso che risulta, molto spesso, letale. Alla formica malcapitata, ridotta in fin di vita, non resta che gridare. Ma le formiche non possiedono un organo stridulatore, per cui non possono urlare davvero. Lo fanno servendosi di una sostanza chimica che abbiamo già incontrato durante il viaggio: il feromone di allarme, che attira l'attenzione delle compagne in modo che recuperino la formica ferita, la portino nel formicaio e le somministrino le cure di cui ha bisogno – la principale consiste nel rimuovere i pezzetti di mandibola della termite (che spesso restano incastrati nel corpo della vittima) e lasciarla a riposo per qualche giorno.

Le termiti hanno anche nemici molto più grandi delle terribili matabele: gli scimpanzé, infatti, ambiscono alle proteine e ai lipidi contenuti nel loro corpo.

Ovviamente, nel loro caso, le dimensioni rendono impossibile un'invasione del termitaio. Come fare a stanare un obiettivo così piccolo? Loro hanno escogitato una strategia: si procurano dei ramoscelli, li privano delle foglie e li forgiano in modo da farli entrare agevolmente all'interno dei piccoli fori del termitaio. Una volta che lo strumento è costruito, infilano il ramoscello e attendono. Dopo qualche minuto, ritirano la loro rudimentale canna da pesca: immancabilmente, essa è ricoperta di tanti piccoli insetti, pronti per essere divorati come carne su uno spiedino!

Questa tecnica viene utilizzata anche dagli esseri umani per catturare le termiti, solo che, anziché mangiarle sul posto, le trasportano nei villaggi per cucinarle arrosto o friggerle in olio bollente, ottenendo uno snack nutriente dal sapore un po' dolce, a metà tra la carota e la nocciola.

Bisogna però sottolineare che le termiti non nutrono solo lo stomaco degli umani, ma anche il loro spirito. Per esempio, in Australia gli aborigeni scelgono dei tronchi di albero – normalmente di eucalipto – resi cavi dalle abitudini alimentari di questi insetti, per usarli come strumento musicale. Esso si chiama didgeridoo, ed è uno strumento a fiato molto grande, con una forma simile a quella di una tromba, in grado di emettere un suono caldo e misterioso.

Farfalla in pelliccia

Nel corso di questo viaggio, abbiamo avuto (e avremo ancora) diversi incontri con le formiche. Si tratta di un caso? Certamente no. La famiglia delle formiche si è distinta, tra le migliaia che compongono la grande classe degli insetti, per le sue capacità adattative: attualmente non esiste luogo terrestre che non conosca l'andirivieni frenetico di queste irriducibili guerriere. Un grande successo biologico, dovuto alla straordinaria capacità di cooperare sia tra loro sia con altri organismi. Insieme formano una rete collaborativa che permette loro di vincere la terribile lotta per la vita, grazie anche al riparo sicuro del formicaio.

Come abbiamo visto, il formicaio è un luogo talmente protetto che molte specie cercano di utilizzarlo come "tana" per ripararsi dai nemici e dalle intemperie. Tra queste c'è anche una famiglia di farfalle, chiamate licenidi. Si tratta di lepidotteri piuttosto comuni, di piccola taglia, con ali colorate di un blu brillante nei maschi e di un marrone sbiadito nelle femmine.

I bruchi di queste farfalle si comportano come tutti i bruchi del mondo: vivono su varie piante e si nutrono continuamente di foglie. Le differenze con il resto dei lepidotteri emergono quando la larva si sta per trasformare in crisalide: in quel momento ha inizio una raffinata strategia per sedurre le formiche e approfittare della loro ospitalità. La larva di licenide si lascia cadere al suolo e rilascia una sostanza liquida dal sapore dolciastro, che attira le formiche (sempre affamatissime di zuccheri) a frotte; non appena raggiungono il corpo inerte del bruco, esse lo afferrano con le loro potenti mandibole e lo trasportano nella città sotterranea.

È qui, immersa nell'oscurità, che si verifica la simbiosi tra i due insetti: la farfalla riceve riparo dalle intemperie e da pericolosi predatori pagando l'affitto con abbondanti dosi di cibo zuccherino, in un idillio che dura diversi mesi.

Il tempo passa e l'inverno, giorno dopo giorno, si impossessa del mondo esterno: le giornate si accorciano, le temperature calano e il sole si affaccia sempre più di rado. È il periodo dell'anno in cui il bruco del licenide, protetto da uno spesso strato di terreno, si trasforma in crisalide. La ruota della vita continua a girare e, dopo qualche mese, il sole si riprende il mondo spazzando via i colori cupi dell'inverno con le corolle dei fiori e i profumi della primavera.

Il licenide, a questo punto, sente la brama di ritornare nella superficie scintillante. Abbandona la dura corazza della crisalide e diventa una bella farfallina del colore del cielo. Dopo essersi cambiata d'abito incontra però un ostacolo: le formiche non riconoscono in questo essere alato il loro vecchio amico bruco – e come biasimarle? Più che un cambio di look, quella delle farfalle è una metamorfosi radicale! Di fronte al nuovo, elegante inquilino, il formicaio impazzisce, convinto di trovarsi alle prese con un intruso (e ormai abbiamo imparato che gli intrusi, nel formicaio, sono tutt'altro che ben visti). Centinaia di guerriere si avventano quindi sulla farfalla neonata, con la chiara intenzione di ucciderla... Dobbiamo aspettarci un finale tragico? La farfalla non si ricongiungerà mai al prato primaverile? Nulla di tutto ciò: la natura ha rivestito il corpo del licenide con una folta pelliccia bianca, che funge da barriera e non permette alle mandibole delle formiche di ferirne il corpo.

Di fatto, mentre la farfalla corre svolazzando nei cunicoli del formicaio alla ricerca dell'uscita, le formiche addentano ciuffi di peli che si staccano senza danneggiare la fuggitiva – e anzi, facendole un favore: quando il licenide, finalmente, esce alla luce del sole, ha perso la folta pelliccia che avrebbe intralciato il suo volo. Adesso non le resta che fare qualche passo, sbattere delicatamente le ali, ricongiungersi al cielo e incominciare un nuovo capitolo nella meravigliosa storia della vita.

Delicate e invincibili

Le farfalle, abbiamo già visto, sono delle formidabili divoratrici di vegetali: i bruchi si nutrono sostanzialmente di erbe, mentre i lepidotteri adulti si nutrono principalmente del nettare dei fiori. Un cambio di dieta pensato con astuzia: in questo modo, le diverse età delle farfalle non entrano mai in competizione alimentare.

Possono quindi vivere tranquille? Ovviamente la domanda è retorica: ogni organismo, nel cerchio della vita, ha almeno un nemico da fronteggiare. Ma la grande creatività della natura viene in soccorso di tutti gli esseri viventi; nel caso di queste perle dell'aria, è riuscita a renderle estremamente delicate e, al contempo, quasi invincibili.

Dei bruchi e del loro appetito famelico abbiamo già parlato: per quanto le piante si ingegnino per tenerli lontani, continuano a mangiare a più non posso, e anzi, spesso si dirigono proprio verso quelle particolarmente velenose... Un atteggiamento che può sembrare strano, se non addirittura insensato. Ma, se torniamo indietro nella storia di questi animali troviamo una logica perfetta – anche nella natura, infatti, studiare la storia fornisce sempre una chiave di lettura per interpretare il mondo con più consapevolezza.

Cosa ci dice la storia, in questo caso? Che alcune farfalle con il tempo hanno imparato a metabolizzare i veleni, guadagnando dei grandi vantaggi: da una parte si nutrono di piante che gli altri erbivori rifiutano, sfuggendo così alla competizione alimentare, e dall'altra acquistano un'arma formidabile. Le sostanze tossiche vegetali, infatti, non vengono distrutte, ma inglobate nei tessuti animali. Il risultato è che le farfalle diventano a loro volta repellenti e velenose. A quel punto entra in gioco il colore: abbiamo visto che in natura la bellezza dei colori è dettata da diverse necessità – attirare l'attenzione, come fanno i fiori, oppure segnalare un pericolo, come spesso fanno piante e insetti. Le farfalle sono tra gli animali più colorati che ci siano, le loro ali variopinte hanno ispirato la fantasia di artisti di ogni genere e continuano a lasciare a bocca aperta chiunque se le trovi davanti. Ebbene, tutta questa bellezza nasconde un unico messaggio in codice: "Non avvicinatevi". I potenziali predatori sono così avvertiti, più colori ci sono e più alto è il rischio di trovarsi di fronte a un esemplare velenoso!

Alcune farfalle, oltre al colore, per dissuadere i nemici scelgono di muoversi in gruppo, unendosi in sciami giganteschi. Un caso esemplare è quello delle farfalle monarca, tanto colorate quanto tossiche, dal momento che quando sono ancora dei giovani bruchi amano nutrirsi di piante velenose. Durante i mesi miti, esse vivono tra il Canada e gli Stati Uniti, per poi migrare, nel corso dell'autunno, alla ricerca di una temperatura migliore. In questo periodo, gli sciami che attraversano il Nord America possono essere giganteschi – possono addirittura oscurare il cielo. Tutte insieme, varcano il confine e arrivano in Messico: il punto d'incontro è una valle nello Stato del Michoacán, situata a 3000 metri di altezza. Il numero di farfalle che vengono qui a svernare è impressionantemente alto: milioni e milioni di insetti, tutti aggrappati ai tronchi degli alberi in uno spettacolo davvero incredibile, che attira turisti ed entomologi da tutto il mondo e, contemporaneamente, allontana gli uccelli della valle, che non appena arrivano le farfalle monarca si dileguano verso altri lidi. Loro sanno bene che una farfalla è una solista che canta un'unica melodia, ma milioni di farfalle intonano un coro che parla di mal di pancia e avvelenamenti mortali!

Diavoletti di luce

Quella tra branchi di erbivori e colore è una storia antica, che non abbiamo ancora finito di raccontare. Per conoscere il prossimo capitolo, dobbiamo seguire il raggio di sole in un altro continente, abbandonando l'America alla volta della grande Africa. Qui, l'arrivo delle piogge coincide con il rigoglio vegetativo e con la deposizione delle uova da parte di un insetto erbivoro che incontriamo per la prima volta: la cavalletta. Quando le uova si schiudono, la nuova vegetazione fornisce cibo e riparo alle larve neonate, finché non si sviluppano in adulti alati.

Spesso, il numero di larve è tale da creare situazioni di sovraffollamento; lo stretto contatto fisico innesca una reazione a catena che spinge le cavallette a passare dalla vita solitaria a quella gregaria.

I loro corpi diventano più tozzi ed emanano un feromone, detto "locustolo", che li induce a essere attratti l'uno dall'altro, portando ad aggregazioni numerose (anche milioni di individui) e successivamente alla formazione di sciami. È proprio questo lo scopo dell'azione del locustolo: indurre le cavallette a radunarsi in gran numero per affrontare insieme la fatica della migrazione. Una volta giunti a destinazione, infatti, gli insetti si disperdono e cominciano a vivere ognuno per conto proprio.

Oltre a modificare il comportamento, il locustolo agisce sulla produzione di melanina: sotto il suo influsso, il colore delle cavallette vira dal verde (nelle ninfe neonate) e dal marrone (negli adulti) al giallo-nero. Sulle ali posteriori, poi, sono presenti delle macchie rosse, che hanno una funzione protettiva: quando sono in pericolo, gli insetti spiccano il volo e, muovendole, abbagliano il nemico!

E c'è di più: le cavallette sono note per la loro voracità; quando si fermano dopo aver divorato tutto il verde che incontrano sul loro cammino, passano la notte sul luogo del delitto – gli scheletri degli alberi spogliati delle foglie oppure il terreno senza più un filo d'erba. Nella notte africana, la temperatura crolla e il vapore contenuto nell'aria si condensa in piccole goccioline di rugiada. Ovviamente, non trovando foglie su cui posarsi, essa cala sul corpo delle cavallette addormentate.

Al mattino, il grande sole africano sorge e i suoi raggi illuminano e scaldano l'orda di cavallette, che piano piano si risvegliano, sciolgono i muscoli e iniziano a sbattere delicatamente le ali. Ed ecco la magia: le macchie rosse sulle ali posteriori si miscelano con le goccioline di rugiada e scintillano sotto i raggi dorati, creando un effetto ottico che, per chi ha la fortuna di assistervi, è talmente bello da togliere il fiato. Dopo giorni di distruzione, nello scenario apocalittico che segue il passaggio delle cavallette, tante piccole fiammelle rosse si accendono all'improvviso, come piccoli diavoletti ricoperti di luce.

La magia dura poco: il sole, alzandosi, scalda i muscoli degli insetti e asciuga la rugiada della notte. Lo sciame di cavallette si leva in volo e cerca un altro posto in cui seminare terrore, distruzione e bellezza.

Cavalletta gourmet

Una forza devastatrice come quella delle cavallette, quando si scontra con gli uomini e con i loro campi coltivati produce disastri incredibili.

Nel dicembre del 2010 una terribile infestazione di locuste si è abbattuta sull'Australia, con gravi ripercussioni per l'agricoltura locale. Un ristoratore dedito all'agricoltura biologica si è ritrovato ad assistere a questa grande migrazione proprio nel momento in cui stava grigliando bistecche sul barbecue. Gli insetti erano così tanti, e così veloci, che alcuni sono finiti inevitabilmente sulla griglia rovente, rosolandosi in pochi minuti. L'uomo, provvisto di un grande appetito e di larghe vedute, ha assaggiato il risultato di quell'insolita ricetta e, con grande sorpresa, l'ha trovata buonissima e ha deciso di riproporla agli avventori del suo locale. Da quel momento, la sua vita è cambiata radicalmente: di giorno raccoglie le cavallette nei campi e di sera le arrostisce o le frigge per servirle ai suoi clienti sempre più numerosi. Nel frattempo, il gusto delle cavallette ha trovato anche un estimatore insospettabile: il cane dell'agricoltore, che ha iniziato a rincorrerle per i prati e divorarle, diventando il primo cane insetticida della storia!

Il cambio di prospettiva, come si può immaginare, ha modificato il problema: se prima le cavallette erano troppe, adesso erano troppo poche. In compenso, la notizia degli insetti alla brace ha provocato un circolo virtuoso di imitazioni: un famoso chef israeliano ha approfittato dell'invasione di locuste nel Sinai per preparare dei piatti davvero speciali per i suoi clienti: nel suo menu si trovano locuste fritte, locuste speziate al miele, pasta con locuste e, ovviamente, locuste alla brace, tutti piatti apprezzatissimi dal momento che le cavallette sono gli unici insetti annoverati tra i cibi kosher.

Anche in Italia si è passati dalla piaga alla risorsa: durante l'estate del 2003, complice il caldo torrido, le cavallette hanno letteralmente ricoperto l'Appennino tosco-emiliano. Le province limitrofe, per risolvere la situazione, hanno scelto un altro animale appassionatissimo di locuste: la gallina faraona. Ogni agricoltore ne ha ricevuta almeno una in regalo con l'invito a lasciarla libera nei campi. Le galline non si sono fatte pregare e hanno iniziato a fare razzia. Risultato? La popolazione delle cavallette è diminuita, mentre sono aumentate esponenzialmente le ricette a base di gallina nei ristoranti della zona!

A tutto volume

Dalle cavallette, passiamo ora a un altro insetto famoso non per la sua voracità, ma per la sua pigrizia. Dalla favola di Esopo alla hit di Heather Parisi, la cicala è un animale che ha sempre avuto una forte presa sul nostro immaginario. Il suo canto, in particolare, è uno dei simboli dell'estate e della gioia di vivere. Ma a cosa serve, in realtà? Il suono emesso dalle cicale ha diversi scopi, e nessuno di essi ha a che fare con le vacanze.

Il primo è senza dubbio godereccio: serve per attirare l'altro sesso. Nel caso delle cicale è il maschio che canta per attirare le femmine e lo stratagemma colpisce nel segno: appena sentono il frinire romantico, esse si librano in volo verso i maschi. Dopo l'accoppiamento depongono le uova e i giovani, appena usciti dal guscio, si infiltrano tra le pieghe del terreno per nutrirsi di radici e sostanza organica.

L'organo stridulatore che emette il suono prende il nome di "timpano" e assomiglia al fondo di un barattolo di pomodori pelati vuoto: basta premerlo per sentire un *clic clac*. Anche le cicale usano un meccanismo simile, servendosi di due membrane che si muovono dal basso verso l'alto (e viceversa) per permettere loro di cantare.

Il frinire delle cicale ha però anche lo scopo di spaventare i predatori: quando un uccello individua un insetto e gli si avvicina, il suono si fa più intenso, finché non diventa talmente forte che il nemico, non riconoscendolo, si allontana in preda al panico.

Una curiosità interessante è che i canti delle cicale variano moltissimo a seconda del luogo di provenienza. In Amazzonia, per esempio, non è raro sentire un intenso fischio che attraversa la foresta compatta, simile a quello di un treno. Ovviamente non si tratta di una ferrovia in mezzo alla giungla, ma di un maschio di cicala che cerca di conquistare la femmina! E lo stesso avviene se il silenzio amazzonico è squarciato da quello che sembra il raglio di un asino: anche in quel caso, si può stare certi che il simpatico mammifero non c'entra nulla, ma si tratta di un altro "cicalo" che tenta di fare colpo. In Malesia si può venire accolti, nel mezzo della giungla tropicale, da un applauso scrosciante: i maschi delle cicale qui optano per un bel battimani, al posto del "classico" frinire, e le femmine accorrono numerosissime. Purtroppo, non sempre il corteggiamento si conclude nel modo sperato. Gli indigeni, che conoscono quest'abitudine, si aggirano per la foresta con dei grossi sacchi appesi al collo e si mettono ad applaudire. Legioni di cicale si dirigono ingenuamente verso di loro, sperando di trovare l'amore... Ma, ahimè, al posto del principe azzurro trovano una pentola colma di olio bollente! I locali infatti catturano questi insetti e, dopo una bella infarinatura, li gettano in padella per una frittura di cicale – che, per inciso, pare sia squisita.

La cicala più rumorosa vive nel deserto australiano: il suo canto riesce a raggiungere i 100 decibel, un suono pari a quello emesso da una motosega a un metro di distanza dall'ascoltatore! Anche le cicale del Mediterraneo non se la cavano male: la campionessa di "caciara" è quella greca, che riesce a raggiungere la notevole soglia dei 70 decibel.

Ma perché le cicale emettono un suono così forte? Che le femmine siano sorde? Niente affatto, anzi, ci sentono benissimo (sono in grado di percepire anche un suono di appena 30 decibel, che corrisponde a un flebile sussurro). Sembra però che amino il rumore: sono delle gran festaiole, e ce lo dimostra il fatto che, tra i maschi, quelli più rumorosi sono anche quelli che rimorchiano di più!

Inoltre, se le cicale amano il rumore, i predatori come uccelli e piccoli mammiferi amano il silenzio e, quando sentono il frastuono, scappano a gambe levate e lasciano le cicale a godersi il canto dell'amore.

Le cicale dei numeri primi

Al nostro raggio di sole il frastuono non dispiace, e in compagnia delle cicale si ferma volentieri. Adesso, per esempio, le segue fino in Nord America, per visitare alcune foreste che crescono rigogliose dal North Carolina fino allo Stato di New York. Qui, ogni tredici o diciassette anni, gli alberi si riempiono, letteralmente, di cicale magicicada, chiamate anche "cicale dei numeri primi". Sono così tante che spesso i boschi non bastano per ospitarle, e loro sono costrette a spingersi nelle grandi, spaventose metropoli vicine – come New York, Washington e Baltimora.

Come fanno a fuoriuscire tutte insieme nello stesso momento, dopo un periodo così lungo e così precisamente scandito? Perché proprio ogni tredici o diciassette anni?

Per capirlo, dobbiamo analizzare velocemente il ciclo biologico di questi animali: in inverno le giovani cicale se ne stanno tranquille sottoterra in diapausa (il letargo degli insetti), per poi svegliarsi in primavera e riempirsi la pancia con la sostanza organica che trovano nel terreno.

Dopo tanto mangiare, è il momento di diventare grandi e conoscere il mondo: i giovani escono in superficie, si arrampicano su un albero e compiono una muta, trasformandosi in cicale canterine fatte e finite.

Ebbene, nel caso delle magicicada questo evento accade esattamente ogni tredici o diciassette anni. A quel punto, è la Woodstock delle cicale: trilioni di milioni di esemplari, che raggiungono una densità di 350 individui per metro quadrato, si ritrovano assieme nel bosco e cantano furiosamente per sei settimane, si accoppiano, incidono il legno degli alberi e ci depongono le uova. Dopo, stremati, gli adulti muoiono, ricoprendo il terreno con strati e strati di cadaveri: la loro vita è stata breve, ma scatenata.

Quando le uova si schiudono, il ciclo si ripete: le piccole cicale sgusciano fuori e si lasciano cadere a terra, attraversano il macabro tappeto composto dai corpi dei loro genitori e si infilano nel terreno, dove rimarranno per tredici o diciassette anni, a seconda della specie.

Ora, la domanda sorge spontanea: come fanno a sapere quanti anni sono passati dalla loro schiusa?

Molti scienziati si arrovellano su questo tema. Alcuni sono convinti che le cicale dei numeri primi conoscano l'aritmetica e, nello specifico, siano in grado di contare quanti autunni sono passati prestando orecchio alle foglie che cadono al suolo. Altri sostengono che i trilioni di milioni di cicale morte incrementino la quantità di azoto nel terreno: le giovani, rilevando il livello di questa sostanza chimica, sanno che quando è alto è meglio starsene al sicuro, mentre quando si abbassa è giunto il momento di salire sopra gli alberi e fare un gran baccano.

Un altro dubbio irrisolto riguarda il motivo per cui il ciclo si compie sempre dopo un numero primo. Secondo alcuni, la risposta è connessa con un misterioso fungo parassita, ormai scomparso, le cui spore potevano durare dodici o sedici anni, a seconda della zona. La cicala cercava di evitarlo emergendo sempre un anno dopo il suo limite di sopravvivenza: così facendo, è riuscita a sconfiggere il suo nemico. Peccato che, con la sua estinzione, sia scomparso anche il modo di verificare tale teoria!

Un'altra ipotesi si concentra sulle risorse del territorio. Secondo i promotori di questa idea, le foreste della parte est degli Stati Uniti non potrebbero garantire l'alimentazione di tutte le specie di cicale. Ecco allora che gli insetti si sono sincronizzati istituendo dei turni: una esce ogni tredici anni, l'altra ogni diciassette. Questi numeri garantiscono la minima probabilità di incontro, dal momento che con quest'alternanza le due specie dovranno dividersi la foresta solo una volta ogni duecentoventun anni (13 × 17). Se avessero scelto dei cicli scanditi da altri numeri, per esempio di dodici e diciotto, allora, durante circa lo stesso periodo, si sarebbero incontrate ben cinque volte!

Esiste un'ultima teoria, che prende il nome di "mimetismo aritmetico" e riprende la logica della "pasciona" che abbiamo incontrato diverse pagine fa: ogni tanto, le cicale si rendono disponibili in una quantità talmente elevata da soddisfare i grandi predatori, i quali, giocoforza, non riescono a razziare un numero così elevato di prede. In questo modo si assicurano la sopravvivenza, e le superstiti si possono riprodurre garantendo un futuro alla progenie. Passato l'anno di confusione, la foresta si spopola e i predatori, non trovando nulla da mangiare, diminuiscono a loro volta. Il picco negativo delle popolazioni dei predatori è esattamente tredici o diciassette anni, a seconda del tipo; con il ritorno delle cicale, anch'essa ritornerà a un alto livello. Insomma, si tratta di una rincorsa tra preda e predatore.

Anche se non sappiamo quale tra queste teorie sia la più corretta, sappiamo che tutte partono da un presupposto esatto. Per esempio, è verissimo che la presenza di cadaveri aumenta il livello di azoto nel terreno – risultando peraltro molto utile per le piante, che se ne servono per riparare i danni procurati dai raduni periodici, ma tossico per gli uccelli, che durante il periodo di festa diventano eccessivamente numerosi: negli anni successivi, in cui il silenzio diventa opprimente, gli uccelli non solo non sanno cosa mangiare, ma sono anche vittime dei miasmi mortali che salgono dal terreno, e a un certo punto non possono far altro che emigrare altrove.

4

Il popolo in movimento

Dopo aver viaggiato attraverso i vegetali, dopo aver conosciuto gli erbivori e dopo aver visto i problemi e le soluzioni che si avvicendano nel corso della loro vita, è giunto il momento di percorrere un altro tratto di strada. Passando di bocca in bocca, dalle foglie verdi alle mandibole instancabili dei grandi ruminanti e degli insetti vegetariani, il nostro raggio di sole deve adesso affrontare un nuovo passaggio: ora la sua energia passa nelle mani dei carnivori.

Il loro mondo è molto diverso dai precedenti: a differenza delle piante e degli organismi che se ne nutrono, i predatori non hanno la necessità di stare fermi. Sembra una questione piccola, e invece cambia tutto: il movimento, per i carnivori, non è soltanto una possibilità, bensì una necessità; stare fermi significa soccombere e finire, inevitabilmente, nelle grinfie di qualcun altro – qualcuno più forte, qualcuno più veloce. Movimento, inoltre, significa una digestione più agevole: i predatori non hanno bisogno di un superstomaco, perché quello che mangiano – cioè gli altri animali, in particolare gli erbivori – è molto più digeribile della cellulosa, non ha spine da affrontare né veleni da neutralizzare. Il loro è cibo di ottima qualità, molto energetico e facile da mandar giù.

Questo non significa che non abbiano anche loro una buona dose di problemi da risolvere: i problemi fanno parte del cerchio della vita, e per quanto ci si possa trovare in alto nella piramide alimentare non li si può sfuggire, si può soltanto fare del proprio meglio per tentare di superarli.

Il problema più grande degli animali carnivori ha un nome: legge del 10%. Questa legge riguarda molto da vicino il nostro raggio di sole, che ne è direttamente coinvolto.

Funziona così: nella catena alimentare, ogni passaggio ha un costo, e pure piuttosto elevato. Di tutta l'energia che le piante immagazzinano quando si nutrono dei raggi di sole, un erbivoro potrà utilizzare unicamente il 10%; il restante 90% verrà dissipato in calore o utilizzato durante la digestione. La stessa cosa vale quando un predatore si nutre di un erbivoro.

Di passaggio in passaggio, quindi, la quantità di "raggi di sole" assimilata dall'organismo diminuirà drasticamente: ecco perché è raro trovare catene alimentari con più di cinque livelli, ed ecco perché i predatori sono numericamente inferiori agli erbivori, che a loro volta rappresentano una minoranza rispetto alla massa dei vegetali.

La legge del 10% si può riassumere così: chi ha i denti non ha il pane e chi ha il pane non ha i denti, perché gli animali più forti e veloci sono anche quelli che hanno meno nutrimento (in termini di energia, quantomeno) a disposizione.

L'importanza dei carnefici

Dal momento che il loro cibo, pur essendo digeribilissimo, è difficile da catturare ed è più raro di quello degli erbivori, i predatori devono usare ogni mezzo per procacciarselo, senza farsi troppi scrupoli: sono quindi feroci, cacciano e uccidono le loro vittime con spietata determinazione e non fanno sconti a nessuno. Ma attenzione: questa strage degli innocenti ha un preciso scopo all'interno della biosfera.

Per capire il valore dei predatori e il loro ruolo nel cerchio della vita dobbiamo, ancora una volta, andare indietro nel tempo. Questa volta torniamo alla fine della Seconda guerra mondiale, in una nazione dell'Est Europa che più delle altre ha subìto le conseguenze nefaste del conflitto: la Polonia. Negli anni successivi al 1945, la popolazione polacca si trovava in una situazione disastrosa; lo spettro della fame si aggirava per le città e per le campagne senza alcuna soluzione all'orizzonte, e il destino si era accanito rincarando la dose con una serie di inverni particolarmente rigidi e lunghi, che compromettevano i raccolti.

Per fortuna, la Polonia era – e lo è ancora – una terra percorsa da molti fiumi, ricchi di pesci nutrienti, e grazie a loro i pescatori riuscivano, almeno in parte, a soddisfare la crescente richiesta di cibo. Ma, se tra i vicoli e nelle case si aggirava lo spettro della fame, nei fiumi e nei laghetti nuotava un predatore altrettanto temibile: la lontra, un animale acquatico che si nutre quasi esclusivamente di pesce.

I polacchi si trovarono costretti a una nuova guerra, non più contro altri esseri umani ma contro questo mammifero dalle zampe pinnate, che spadroneggiava tra le acque dolci togliendo loro il pesce di bocca. Ovviamente, si trattò di una guerra breve: l'esercito delle lontre non era preparato e non conosceva le tecnologie a disposizione dell'uomo, per cui in pochissimo tempo fu costretto a soccombere.

Sparita la lontra, i pesci iniziarono a proliferare e a cadere, numerosi, nella trappola delle reti da pesca. Il cerchio della vita è però complesso e gli equilibri si spostano facilmente: l'azione dei pescatori non fu senza conseguenze; presto i pesci cominciarono a scomparire dai fiumi, raggiungendo livelli tali da far rimpiangere i vecchi tempi in cui la lontra era l'unica predatrice.

In effetti, se si osserva meglio il comportamento di questo animale si può notare che esso ha un ruolo essenziale nella dinamica di popolazione delle acque dolci.

I predatori, infatti, tendono sempre a catturare gli individui più deboli, quelli che hanno meno forze per scappare, cioè, tendenzialmente, gli anziani e gli ammalati. Senza la lontra a minacciarli, i pesci più anziani iniziano a competere con i giovani per le risorse alimentari, che diventano inevitabilmente più scarse. Inoltre, non essendo più fertili, i vecchi sottraggono energie a chi invece può assicurare la continuità della specie. A questo si aggiunge l'azione degli ammalati, che senza lontre sono liberi di nuotare in giro e di propagare pericolose epidemie.

Il risultato lo abbiamo già visto: un crollo vertiginoso della popolazione per i pesci, una fame terribile per i polacchi, colpevoli di non conoscere abbastanza le leggi dell'ecologia.

Vestito per uccidere

Quando parliamo di carnivori, il pensiero inevitabilmente corre ai predatori più grandi e pericolosi: i leoni, gli orsi, i lupi, gli squali... Ma c'è anche una moltitudine di carnivori insospettabili, che erroneamente riteniamo innocui perché tratti in inganno dalle loro dimensioni.

Una su tutti? La coccinella. Simbolo portafortuna per eccellenza, amata per la sua forma rotonda e per il suo manto a pois, la coccinella è in realtà un predatore feroce e solitario, pericoloso sia nello stato di larva sia in quello di adulto. L'abito non fa il monaco, è proprio il caso di dirlo... Quello della coccinella, poi, al di là dell'aspetto "modaiolo" ha in realtà, come tutto in natura, un significato ecologico (e minaccioso).

Questi insetti contengono infatti un alcaloide che li rende altamente indigeribili: se un uccello banchetta con una coccinella se ne pentirà amaramente e dovrà scontare diverse ore di tremendo mal di stomaco. Passato il contorcimento, il nostro amico alato ci penserà due volte prima di avventarsi su un animale tanto vistoso, e senza dubbio non troverà più i pois neri così graziosi.

Oltre a essere disgustosa e indigeribile, l'adalina (il nome della sostanza contenuta nel corpo delle coccinelle) spande anche un odore nauseabondo. Questo perché le larve delle coccinelle hanno una forma completamente diversa da quella degli adulti – sono lunghe, assomigliano a piccoli coccodrilli e hanno sì dei colori di avvertimento, ma diversi (solitamente sono nere con striature rosse o arancioni). La puzza è un'arma di sicurezza, una difesa in più per assicurarsi la salvezza, laddove il colore non dovesse bastare a tenere lontani i nemici.

Secondo una caratteristica tipica dei predatori, le coccinelle (sia le larve sia gli adulti) sono velocissime – tutti le abbiamo viste correre tra le piante, anche se forse non tutti sapevamo che erano alla ricerca di prede da uccidere.

Anche il loro atteggiamento è tipico dei predatori.

Quando le piccole larve – circa venti per ogni schiusa – sgusciano fuori dalle rispettive uova, cominciano subito a mangiarsi tra di loro, finché non ne sopravvive soltanto una: la più forte e la più aggressiva.

Tale figli, tale madre: mamma coccinella depone le sue uova (velenose anche loro, colorate di arancione o di giallo acceso) sulle pagine inferiori delle foglie. Dopo, si avventura alla ricerca di una preda per saziare la sua fame, ma capita spesso che il pellegrinaggio la riconduca al punto di partenza, affamata ed esasperata. E allora lei che fa? Senza pensarci due volte, divora i suoi stessi figli!

In altre occasioni, quando c'è penuria di cacciagione (in particolare di afidi, che sono il loro piatto preferito), le coccinelle sono costrette a una dieta vegetariana. Loro però sono predatori nell'anima, e si rifiutano di mangiare le foglie o i teneri germogli: se proprio devono ricorrere alla verdura, che almeno assomigli un po' alla carne! Così si avventano sul polline di alcuni fiori, alimento ricchissimo di proteine. Ovviamente si tratta di una misura di emergenza: non appena ricompaiono gli afidi, questi insetti sanguinari sono ben felici di abbandonare la dieta vegetariana e avventarsi sulle loro vittime divorandone a più non posso (giusto per darvi una misura: una coccinella può arrivare a mangiare fino a cento afidi al giorno).

Abbiamo detto che questi predatori preferiscono condurre una vita solitaria, ma quando arriva l'autunno anche loro tendono a riunirsi per difendersi dal freddo dell'inverno e dagli attacchi degli altri carnivori. Al pari delle farfalle, anche le coccinelle possono formare uno sciame colorato, che amplifica il messaggio di pericolo invitando i nemici a farsi da parte.

Questi ammassi possono raggiungere delle dimensioni notevoli, e gli esseri umani hanno trovato il modo di trarne vantaggio. Per difendere le proprie piante, gli agricoltori utilizzano principalmente due metodi: gli insetticidi oppure gli insetti predatori, scatenati all'occorrenza per scacciare quelli vegetariani.

Le coccinelle, essendo voracissime mangiatrici di afidi, sono tra le prime a essere reclutate a questo scopo e vengono addirittura allevate in speciali fabbriche, per essere poi spedite a liberare il campo dagli sgraditi erbivori. In particolare, a essere allevata è una coccinella speciale, la coccinella arlecchino, campionessa mondiale di ingestione di afidi, un animale in grado di ingurgitarne più di cento al giorno.

Oltre a essere una sorta di pozzo senza fondo, questa coccinella, il cui nome scientifico è *Harmonia axyridis*, riesce anche a riprodursi molto velocemente; è originaria del continente asiatico, ma grazie alle biofabbriche viene ormai allevata in tutto il mondo.

Ma ci sono animali che non sono fatti per essere allevati, e la coccinella rientra tra questi: l'utilizzo delle *Harmonia axyridis* in agricoltura è filato sempre abbastanza liscio (le piante crescevano rigogliose senza parassiti e l'ambiente non veniva inquinato con pericolosi insetticidi) finché a un certo punto qualcosa è andato storto. Nel 1988, in un piccolo paesino della Louisiana, le arlecchino hanno deciso di espandersi: hanno varcato i confini dell'appezzamento in cui vivevano e hanno invaso prima i campi limitrofi, poi tutto lo Stato, quindi l'intero continente. Partite da uno status di esperimento, portato in giro per il mondo grazie all'azione degli esseri umani, queste coccinelle attualmente sono la specie più diffusa in circolazione.

Come ha fatto un piccolo nucleo di insetti a conquistare improvvisamente il pianeta? La spiegazione ce la danno le famiglie reali che in passato si sono avvicendate sulle sponde del Mediterraneo (nell'antico Egitto, per esempio) e in Europa. Un tempo, infatti, si credeva che i sovrani fossero creature di origine divina; in quanto tali, non si potevano mischiare con i comuni mortali; così, per riprodursi, erano costretti a sposarsi tra parenti stretti – se non addirittura, nei casi più estremi, tra fratelli e sorelle. Questa pratica si chiama "endogamia" e, come oggi ben sappiamo, favorisce la probabilità del manifestarsi di geni sfavorevoli, causando malattie spesso molto gravi e, in generale, la diminuzione della vitalità di tutta la famiglia.

Torniamo ora alla nostra coccinella asiatica: l'arlecchino inizialmente veniva allevata in gruppi molto ristretti, ed era quindi costretta a ricorrere all'endogamia. Una volta in campo, le fatali conseguenze di quest'abitudine diventavano evidenti: gli insetti erano poco vitali e perciò controllabili, dal momento che non avevano la forza necessaria per oltrepassare i confini dei campi coltivati.

Quelle della Louisiana, però, pur praticando l'endogamia, per uno strano e fortuito caso erano tutte dotate di geni perfettamente sani. Bisogna sottolineare, infatti, che i geni "cattivi" sono presenti in tutti gli organismi: ciascuno di noi, nel suo patrimonio genetico, ne è provvisto, ma riproducendoci con persone con cui non abbiamo alcun legame di parentela riusciamo a tenerli silenti, in stand by, come luci che nessuno accende. Nel caso di queste coccinelle, invece, i geni non avevano bisogno di essere silenziati, perché non c'erano affatto! I pochi individui liberati potevano tranquillamente accoppiarsi tra parenti, senza incappare nelle conseguenze nefaste dell'endogamia. A quel punto, dal piccolo campo della Louisiana si è propagata un'onda concentrica che ha portato le arlecchino in tutti gli Stati Uniti d'America, in Canada e poi in Europa, raggiungendo infine anche l'Africa e l'America del Sud.

Una curiosità? In Inghilterra è chiamata anche "coccinella di Halloween", perché il periodo del suo raduno di massa autunnale cade proprio tra la fine di ottobre e l'inizio di novembre, quando si festeggia la notte di Ognissanti.

Se insetti come le coccinelle (ma anche le farfalle, le cavallette e tanti altri) usano il colore per non farsi mangiare dai predatori, c'è una creatura che preferisce una strategia leggermente diversa. A lei sono state dedicate poesie e canzoni, pensieri romantici e desideri notturni: stiamo parlando della lucciola, uno tra gli insetti più amati che ci siano.

Queste meravigliose creature riescono a fare a meno del colore perché, come tutti noi sappiamo, la loro arma segreta è la luce. Un'arma suggestiva, ma molto complessa: accendersi richiede un processo talmente elaborato che, per non sprecare troppe risorse, le lucciole uniscono l'utile al dilettevole e la usano, oltre che per difendersi, anche per accoppiarsi.

Osserviamole di notte, mentre volteggiano sopra i prati: gli individui che volano disegnando scie luminose nell'aria sono i maschi innamorati in cerca di una femmina. Le femmine, invece, non possiamo vederle librarsi: il loro aspetto resta sempre quello di giovani larve, anche se sessualmente mature. Non diventando adulte, non sviluppano mai le ali (prerogativa dei grandi) e, invece di volare, camminano per i prati. Sono lunghe circa venti millimetri, e assomigliano a piccoli vermi.

Quando sopraggiunge il crepuscolo e sulla Terra scendono le tenebre, le lucciole femmine decidono che è giunta l'ora di cercare il loro principe azzurro. Si arrampicano sopra un filo d'erba e, per attirare i maschi, emettono un flebile luccichio intermittente. La luce, quindi, è una spia della loro dolce emozione, la stessa che manifestano i maschi accendendo una parte dell'addome.

Due luci che si riconoscono nel buio, basta questo. Non appena il "lucciolo" intravede nel verde una luce con la medesima pulsazione, il gioco è fatto: l'alchimia dell'amore e il mistero della vita vengono tramandati, ancora una volta, sulla Terra.

Dopo qualche giorno, la femmina deporrà numerose uova, da cui sgusceranno tante minuscole larve affamate. Queste figlie dell'amore, però, a differenza dei genitori non manifestano alcun sentimento poetico: perché le lucciole saranno anche animali dal fascino romantico, ma lo diventano soltanto da grandi. Da piccole, invece, sono delle voracissime predatrici: le larve nascono con una fame atavica, che cercano subito di saziare non mangiandosi tra loro ma andando a caccia di lumache e chiocciole, che attaccano in gruppo per sbranarle senza troppi complimenti. Per questo motivo le lucciole sono molto abbondanti nei luoghi ricchi di calcare, la sostanza essenziale per costruire la casetta delle chiocciole: dove ci sono le prede ci sono anche i predatori, e in questo caso il predatore si manifesta con un ricco sfarfallio luminoso.

Dopo diverse scorpacciate di molluschi, le piccole lucciole diventano adulte e, come abbiamo visto accadere molte altre volte nel corso del nostro viaggio, cambiano completamente dieta: adesso, alla carne preferiscono il dolce nettare zuccherino che trovano principalmente nei fiori.

Femme fatale

Anche se per noi le lucciole brillano tantissimo, in realtà la loro emissione luminosa è alquanto flebile: la lunghezza d'onda della loro luce corrisponde a 5000-6000 Angstrom, a cui l'occhio umano – al pari di quello degli insetti – è sensibilissimo. Un'illusione ottica, in sostanza, grazie alla quale le lucciole risparmiano energia e ottengono il massimo dell'attenzione senza scaldare troppo il loro corpo.

Il processo chimico che avviene per produrre la luce è il sistema biologico più efficiente sulla Terra. Disperde solo il 2% in calore, mentre il restante 98% viene effettivamente convertito in luce. Per avere un termine di paragone: in una normale lampadina a incandescenza il 90% dell'energia viene dissipata in calore e solo il 10% diventa luce. È questa grande efficienza che permette alla lucciola di non bruciarsi durante la ricerca del partner.

Come abbiamo visto, il messaggio luminoso viene utilizzato sia per contattare il partner sia per allontanare i nemici. Ma c'è anche una lucciola, il cui nome scientifico è *Photuris*, che sfrutta la luce per adescare le sue prede. Le femmine di questa lucciola si comportano apparentemente come tutte le altre femmine: di notte aspettano il loro principe azzurro appollaiate sopra un filo d'erba oppure adagiate sul terreno. Quando un maschio appare nel buio della notte, lei inizia a lampeggiare. Fin qui nulla di strano. La differenza non sta nei mezzi, ma nello scopo: il fine ultimo di queste lucciole non è l'amore ma il suo contrario. Appena il maschio scende, convinto di incontrare l'amore, trova invece delle mandibole pronte a divorarlo. Ecco perché le *Photuris* vengono chiamate anche femme fatale: sono predatrici come le altre, ma alle lumache e ai bruchi preferiscono i maschi delle lucciole di altre specie!

Profetesse del prato

C'è un altro terribile predatore che semina cadaveri in tutti i prati del mondo, e che viene comunemente associato all'idea di donna fatale: la mantide religiosa.

Questo spaventoso insetto ha da sempre evocato sentimenti oscuri nel cuore degli uomini, soprattutto per la sua abitudine di divorare il maschio durante l'accoppiamento. Secondo alcune credenze popolari, la mantide porta il malocchio. Nell'antichità, la sua comparsa preannunciava carestie e disgrazie di ogni genere. Se un antico romano si ammalava, la colpa era della mantide che lo aveva fissato con sguardo truce. Il nome *Mantis*, peraltro, significa "profetessa", il che è già significativo: si riteneva infatti che avesse il potere di prevedere ed evocare gli eventi, sia nel male sia nel bene (ci sono culture, infatti, in cui si crede che la mantide sia in grado di proteggere i bambini, perché sa dove si nasconde il lupo).

In effetti la mantide è tra gli insetti più sorprendenti che si conoscano e, a ben guardare, ognuna delle credenze nate intorno a lei è legata a una sua caratteristica reale. Ma andiamo per ordine: i *Mantodea* (l'ordine di insetti a cui appartengono tutte le specie di mantidi) vivono nelle regioni calde dell'Europa meridionale, in Asia e in Africa. Alcune specie sono state anche introdotte nel Nord America e in Australia. Gli adulti si possono osservare in ambienti soleggiati, ricchi di arbusti e di erbe (e forse per questo motivo erano considerate evocatrici di carestie) tra i quali è davvero difficile distinguerle: sono infatti dotate di un corpo che sfrutta perfettamente il colore per mimetizzarsi e di una straordinaria attitudine all'immobilità.

Le mantidi sono delle mirabili predatrici, ma assai poco selettive. Mangiano di tutto, e questo le rende poco adatte per un utilizzo in agricoltura, come avviene invece per le coccinelle. Ciò nonostante, il loro comportamento predatorio è davvero straordinario, fondato su un movimento tanto complesso quanto fulmineo.

Le estremità delle zampe anteriori (femori e tibie) sono munite di spine disposte su due serie e terminano con un lungo uncino arcuato e molto appuntito; quando le tibie si piegano sembrano mani giunte in preghiera (questa posizione è infatti denominata "dell'orante"). Non appena scorge una preda, la mantide lancia fulmineamente le zampe in avanti, afferra la vittima e la tiene stretta con le spine. Poi passa alla fase due: divorare il malcapitato in modo lento e meticoloso.

Un'altra caratteristica un po' inquietante delle mantidi è il modo in cui riescono a ruotare la testa restando completamente immobili con il resto del corpo. Tale caratteristica è assolutamente unica nel suo genere, tanto che si dice che "gli altri insetti possono solo vedere, la mantide invece può guardare". La capacità di ruotare il capo di 180 gradi risulta particolarmente utile quando, durante l'accoppiamento, la femmina deve divorare il maschio.

Qual è il motivo di questo comportamento crudele? La risposta la troviamo nella legge del 10%. La mantide femmina ha poco cibo, ma tanti bisogni, tra cui ne spicca uno in particolare: quello di produrre una massa ingente di uova. L'energia necessaria, ovviamente, non si trova durante il parto, per cui bisogna procurarsela da un'altra parte. Il maschio, inizialmente considerato come un amante, man mano che procede nell'accoppiamento assume anche le sembianze di un alimento ricco, con tutte le proteine necessarie allo sviluppo delle generazioni future! Inoltre, a differenza di altre prede, le mantidi di sesso maschile sono particolarmente docili e rimangono impassibili mentre la compagna li divora, staccando prima la testa e poi smembrando l'intero corpo.

Verso la fine dell'Ottocento, il grande entomologo Jean-Henri Fabre si mise in testa di capire se il fatto di mangiarsi il partner fosse legato alla scarsità di risorse sicure nelle vicinanze. Fece allora un esperimento: prese una femmina di mantide e la mise in una teca piena di prede potenziali, quelle che normalmente si incontrano nel prato; poi prese un maschio e piazzò anche lui all'interno della teca. Senza perdere tempo, i due iniziarono ad accoppiarsi e poco dopo, come da copione, la femmina staccò la testa del compagno e iniziò a divorarlo.

Una volta finito l'accoppiamento e il pasto, Fabre aggiunse un nuovo maschio alla popolazione della teca e si accorse con stupore che la mantide, non ancora sazia, si avventava su di lui e ripeteva l'operazione nei minimi dettagli. Lo scienziato andò avanti con l'introduzione di maschi fino a raggiungere il considerevole numero di sette: nessuno venne risparmiato, tutti e sette finirono nello stomaco della terribile femmina!

Questo esperimento dimostrava un fatto sorprendente: pur avendo a disposizione varie prede alternative, le mantidi, profetesse sanguinarie, preferivano comunque uccidere i compagni. Purtroppo, Fabre non riuscì a scoprire il motivo di tale comportamento: per farlo, è stato necessario attendere più di cento anni, finché un gruppo di entomologi americani non ha scoperto la verità: il maschio della mantide presenta un gruppo di nervi che parte dalla sommità del capo e scende fino alla base dell'addome; quando la femmina, con un colpo deciso di mandibola, decapita il compagno, recide questo fascio di nervi. L'effetto è immediato: il maschio, invece di morire, intensifica i movimenti copulatori, e solo dopo passa a miglior vita! Non si tratta, dunque, di un problema di fame, ma di una questione di sesso. Il vero scopo della femmina è assicurarsi la fecondazione con un accoppiamento più energico; poi, visto che si trova lì un corpo ancora caldo (oltre che gustoso e proteico), non sapendo che farsene... se lo mangia.

La rivincita dei maschi

L'abitudine da parte delle femmine di mangiarsi il maschio durante (o subito dopo) l'accoppiamento è piuttosto comune nel mondo degli artropodi: sono tante le specie di ragno che non disdegnano questa pratica, che va molto di moda anche tra le mosche predatrici. Non tutti i maschi però si immolano per le generazioni future, alcuni hanno trovato il modo di salvare capra e cavoli.

Gli empididi sono delle mosche predatrici generaliste (cioè, come le mantidi, non hanno un piatto preferito ma mangiano più o meno tutto quello che si trovano davanti). Anche per loro vale la legge del 10%, per cui, quando fanno fatica a trovare delle prede, si rivolgono al maschio e al suo prezioso quantitativo di proteine.

La strategia della femmina dell'empidide è molto diversa da quella della mantide. Dato che non possiede una testa capace di girarsi di 180 gradi, per mangiare il partner deve aspettare la fine dell'accoppiamento. D'altro canto, anche il comportamento dell'empidide maschio è diverso da quello del mantide: contrariamente a quest'ultimo, infatti, non appena si accorge delle brutte intenzioni della compagna, si dà alla fuga.

Come fare però per godersi l'accoppiamento e nel contempo avere tutto il tempo per fuggire con calma? Questa mosca ha elaborato una strategia molto astuta: prima di adescare una compagna, si aggira per il prato alla ricerca di una preda, che uccide e impacchetta con della seta. Con il bozzolo tra le zampe, non appena trova una femmina con cui unirsi, le porge il dono. Se si prende la briga di incartare il suo regalo non è certo per galanteria: prima di poterlo mangiare, la femmina deve disfare il pacco; il maschio, furbescamente, approfitta di questo piccolo contrattempo per saltarle addosso e procedere all'accoppiamento!

Quando il pacchetto è scartato, il regalo consumato, il rapporto concluso, arriva il momento della portata principale: l'empidide maschio. Il quale però, vigile, ha osservato la partner per non perdersi nemmeno un cenno; non appena la femmina è sul punto di finire l'antipasto, lui interrompe la sua attività per volarsene lontano dalle sue fauci.

La legge del 10% però è crudele, e può capitare che il maschio si aggiri per il prato in cerca di prede da sacrificare senza trovarne nemmeno una. Nel frattempo, il bisogno di incontrare una partner è impellente, rimandare l'accoppiamento sarebbe impensabile. Come fare allora, per non finir mangiato? L'empidide decide che, a mali estremi, estremi rimedi: bisogna ricorrere all'inganno. Strappa un pezzetto di petalo da un fiore e lo impacchetta meticolosamente con la seta: questo è il dono che verrà offerto alla femmina. Durante l'accoppiamento, lei inizia a scartare, ignara della brutta sorpresa che l'attende. Dopo diversi minuti, scopre la triste verità e si volta di scatto per mangiarsi il maschio... Ma è troppo tardi, lui è già andato via!

Alcuni maschi sono dei maestri nell'arte dell'inganno e dentro il pacchetto non mettono né l'insetto né il pezzetto di fiore, ma tessono un involucro completamente vuoto. In caso ve lo stiate chiedendo: sì, funziona! Le femmine ci cascano e i maschi restano in vita, aggirando sia la furia famelica delle partner sia le leggi – spesso altrettanto dure – della natura.

Che succede, invece, se a scarseggiare non sono solo le prede, ma anche le femmine? La fame dei maschi a quel punto esplode, e sarebbe destinata a restare insaziata se l'evoluzione non fosse venuta in soccorso di queste mosche dotandole di un dimorfismo sessuale molto lieve. In pratica, i maschi e le femmine si assomigliano moltissimo. I maschi ne sono consapevoli, e sfruttano questa somiglianza per ottenere ciò che vogliono, cioè cibo e sesso. Due cose che le femmine riescono sempre a ottenere senza muovere nemmeno un dito: perché, allora, non fingersi donne?

Il maschio affamato si posiziona su una foglia al sole, in attesa, proprio come fanno le femmine mentre sono in cerca di un compagno. Quando un altro maschio si avvicina alla foglia, non nota la differenza e casca nel tranello, preparando per lui un pacchetto che potrebbe contenere soltanto un petalo stropicciato, oppure nulla, ma ha anche buone probabilità di contenere del cibo.

Nel frattempo che il maschio travestito si gode il bottino, l'altro procede a un rapporto sessuale che, in realtà, è omosessuale. Alla fine dell'accoppiamento, il maschio "attivo" sarà spompato e affamatissimo, mentre quello "passivo" sarà ben nutrito e in forze, pronto a volar via in cerca di femmine da sottrarre al suo ingenuo rivale.

Il Vietnam degli entomologi

La legge del 10% può essere aggirata anche in modi meno fantasiosi. Se è vero che la maggior parte dei predatori ha un'indole fondamentalmente solitaria, è anche vero che alcuni di loro riescono a tener testa alla natura proprio facendo gruppo e coalizzandosi, aumentando così il livello di sicurezza e la quantità di cibo che riescono a procurarsi.

Le formiche appartengono a questa categoria, loro sono maestre del vivere in società, e ciò vale sia per le vegetariane (come le tagliafoglie) sia per le carnivore, come per esempio le formiche di fuoco. Queste ultime hanno un'alimentazione molto varia, che spazia dalla melata degli afidi, arrivando perfino a sperimentare ricette impensabili, come le sostanze in putrefazione. L'unica costante è la carne, che non deve mai mancare e che riescono a prelevare con grande abilità dalle prede più diverse – piccoli invertebrati, ma anche rettili, e alle volte addirittura dagli uccelli.

La strategia di caccia consiste nell'assalto in massa: l'esercito, dispiegato in tutta la sua potenza, aggredisce la vittima iniettandole una massiccia dose di veleno. A quel punto, le dimensioni dell'animale importano poco: finirà comunque stordito e passerà in poco tempo a miglior vita, smembrato dalle formiche per essere consumato sul posto o trasportato nel nido.

In Sud America, dove abitano, le formiche di fuoco seminano il terrore, sfruttando anche l'aiuto involontario dell'uomo per allargare il proprio raggio d'azione. Nel 1941, una nave proveniente dal Brasile portò una colonia di formiche di fuoco fino in Alabama; negli Stati Uniti, questi insetti trovarono... l'America! Prati immensi dove poter scavare i loro nidi, moltitudini di prede e, soprattutto, la totale assenza di nemici naturali. In pochi anni, si espansero fino a varcare il confine con il Texas. Fu nei prati vastissimi di questo Stato che la formica di fuoco mutò, dando origine a un ceppo capace di produrre un'infinità di regine (cioè di femmine fertili), che velocizzarono ulteriormente l'invasione.

Ma la vera diffusione di queste formiche, quella che le

ha portate fino in Cina e in Oceania, è arrivata con quello che successivamente è stato battezzato il "Vietnam degli entomologi".

Negli anni Cinquanta, gli stessi aerei che avevano oltrepassato l'oceano per sconfiggere il regime nazista solcarono i cieli degli Stati Uniti meridionali con le stive piene di sostanze chimiche, che vennero lanciate a pioggia su tutto il territorio. Questa volta il nemico da eliminare non erano i tedeschi, ma la formica di fuoco.

Gli insetticidi fecero il loro sporco lavoro e sparsero la morte ovunque: capi di bestiame, uccelli, pesci, rettili, molluschi e anche, per finire, tantissime formiche autoctone. Tra i pochi sopravvissuti alla pioggia chimica c'era però lei, la formica di fuoco, che resistette ai miasmi letali grazie ai suoi nidi inespugnabili, simili a veri e propri bunker. Finita la guerra, si trovarono di fronte a uno scenario postapocalittico: un enorme continente svuotato da potenziali competitori, tutto da esplorare e razziare in lungo e in largo.

I nidi dilagarono con maggiore forza e velocità, arrivarono in California e poi riuscirono a varcare i confini nazionali per invadere l'Australia e la Cina, sfruttando il traffico navale. A questo punto è evidente il motivo per cui l'operazione viene ricordata come il "Vietnam degli entomologi": proprio come nella terribile guerra del Sudest asiatico, nonostante la profusione di risorse il risultato non solo fu negativo, ma addirittura dannoso!

Il potere dell'invisibilità

La capacità predatoria delle formiche di fuoco causa non pochi problemi alle popolazioni degli Stati Uniti. Uno di questi è legato alla loro tecnica di caccia, basata sulle onde elettromagnetiche.

Questi insetti si muovono divisi in legioni per perlustrare il territorio, finché, grazie al loro sesto senso da predatori, non captano un segnale. Sapendo che ogni organismo vivente emette un campo energetico, seguono questa scia invisibile per scovare la potenziale vittima.

Quello che non sanno è che gli esseri umani hanno vinto la notte, soggiogando l'energia elettrica e convogliandola all'interno di speciali centraline, da cui si dipartono i fili di rame che trasportano la corrente nelle nostre case. Ovviamente le centraline sono pervase da onde elettromagnetiche, e ovviamente le formiche scambiano questa emissione per un animale. È piuttosto frequente, quindi, che una legione di guerriere si scagli contro una centralina. La guerra che ne consegue è terribile: le mandibole taglienti delle formiche si coordinano in un feroce attacco che si conclude con lo sbranamento della plastica che riveste i fili di rame.

L'immediata conseguenza, come si può immaginare, è il ritorno della notte in città: i black-out, nel territorio delle formiche di fuoco, sono praticamente all'ordine del giorno.

Ma non è finita qua: le formiche di fuoco sono, come

dicevamo, animali onnivori, per cui non disdegnano il cibo utilizzato dall'uomo e spesso si intrufolano nelle case abitate per espugnare tavole e credenze. Quando arrivano, però, una forza imprevista e irresistibile le attira: si tratta del forno a microonde, con il suo forte campo elettromagnetico. Immediatamente cercano di assediarlo, puntando direttamente al suo cuore: il motore.

Mentre le formiche sono impegnate nello scontro con i fili elettrici, può capitare che il proprietario del forno, ignaro, decida di scaldarsi del cibo. Le intruse, attratte dal profumo, abbandonano per un attimo il campo di battaglia e si avventano sul pezzo di pizza o di lasagna che si sta scongelando. Possono farlo tranquillamente, dato che le onde elettriche risultano innocue per i loro corpi piccoli e corazzati. E, altrettanto tranquillamente, raggiungono l'esofago del malcapitato. A questo punto, disorientate, iniziano a pungere il poveretto, che se non vuole incappare in un pericoloso shock anafilattico è costretto a correre al pronto soccorso dell'ospedale più vicino.

Non sorprende che gli esseri umani siano entrati in guerra aperta contro questi invasori a sei zampe e inventino mezzi sempre nuovi per debellarli. Se gli aerei della Seconda guerra mondiale hanno fallito miseramente, una nuova arma – anch'essa proveniente dal cielo – può infliggere un duro colpo al fronte compatto delle formiche di fuoco. Si tratta di un'arma piccolissima, quasi invisibile, ma micidiale: una mosca appena percettibile dall'occhio umano, che prende il nome di *Phoridae*.

La sua efficacia consiste nel fatto di essere una creatura estremamente sensibile e molto abile nello "spionaggio chimico". Le formiche, quando si sentono in pericolo, liberano una sostanza volatile che avverte le compagne della minaccia incombente (il feromone di allarme, che abbiamo già incontrato lungo il nostro cammino); immediatamente, il gruppo si compatta per fronteggiare il nemico. Il *Phoridae* capta questo odore e lo insegue a ritroso fino a individuare la colonia di formiche. A quel punto ne intercetta una e immediatamente scende su di essa; avvolta dalla più completa invisibilità, grazie alle sue dimensioni minime, depone sopra la sua cuticola un uovo, da cui sguscia una larva microscopica che penetra la corazza della formica e si sposta sfruttando la sua circolazione linfatica. Quando raggiunge il cervello, la larva interrompe il suo viaggio, si aggrappa all'esoscheletro e inizia a nutrirsi di liquidi e cellule della materia grigia della sua ospite.

I sintomi dell'attacco non tardano a mostrarsi: la formica ammalata perde il senno, interrompe la relazione con le sue sorelle e comincia a vagare, raminga, per il prato. Il suo viaggio solitario, apparentemente senza scopo, finisce presto: a un certo punto, esausta, si ferma e sale sopra un filo d'erba, attendendo la morte.

Nel frattempo, nella sua calotta cranica, la larva cresce e necessita di più cibo. Inizia così un rituale raccapricciante, in cui il parassita si mangia tutto il cervello della formica, la cui testa martoriata si stacca infine dal corpo. Mentre l'animale decapitato muore, la testa inizia una nuova vita: la larva, protetta dal robusto cranio, si trasforma in una pupa per poi divenire, dopo qualche giorno, una mosca adulta. Con le sue mandibole si apre un pertugio, si libra in volo e parte alla conquista del mondo, pieno di nuove formiche da annientare.

Gli entomologi americani hanno studiato questa mosca, l'hanno allevata e ora la stanno lanciando in tutti i territori invasi dalla formica di fuoco. L'hanno anche ribattezzata *ant-decapitating fly*, cioè "mosca decapitatrice di formiche", biologicamente inserita nella categoria dei parassitoidi, cioè creature che, a differenza dei parassiti, non necessariamente uccidono l'ospite, ma lo debilitano e solo raramente lo finiscono (in alcuni casi, la larva mantiene in vita il suo ospite per molto tempo, consumandolo lentamente prima di porre fine alle sue sofferenze divorandolo da capo a piedi). In sostanza, i parassitoidi sono animali piccolissimi, velocissimi e maestri nell'arte della tortura: lenta, invisibile, letale.

Naso da segugio

Quella dei parassitoidi è una categoria molto interessante. Per studiarla bene facciamo un piccolo passo indietro nel cerchio della vita per incontrare nuovamente gli afidi, grandi divoratori di linfa elaborata. In mezzo agli afidi verdi, noteremo alcuni individui di colore marrone chiaro e dalla forma tondeggiante. Questi ultimi sono i poveri malcapitati che hanno subìto l'attacco di una vespa parassitoide. In questo momento, all'interno del loro corpo sta crescendo una larva, che una volta divenuta adulta forerà con le sue potenti mandibole il loro esoscheletro e spiccherà il volo alla ricerca di nutrimento (perlopiù nettare o melata, dal momento che, a dispetto della sua indole feroce, questo insetto da adulto è strettamente vegetariano) e di nuove vittime alle quali affidare la sua prole.

Come abbiamo visto per le mosche decapitatrici, i parassitoidi sono dei veri fenomeni quando si tratta di individuare future vittime. Le loro antenne mobili sanno riconoscere i vari odori con grande sicurezza: sentono i feromoni di allarme delle formiche, il profumo dolciastro della melata, il nauseabondo aroma di escrementi di insetto, oppure si mettono in ascolto delle sostanze SOS emesse dalle piante. Di cosa si tratta? Nel corso della loro antichissima storia, le piante hanno elaborato una strategia di difesa che le mette in contatto con i parassitoidi: quando vengono attaccate dagli erbivori, emettono una o più sostanze che attraggono le vespe parassite e le chiamano in soccorso. Esse, attirate dall'aroma, accorrono in massa e falcidiano i poveri erbivori senza pietà.

Gli esseri umani hanno trovato il modo di usare lo strabiliante olfatto dei parassitoidi per i loro usi e consumi. Prima di tutto li addestrano, insegnando loro a distinguere gli odori più particolari (droga ed esplosivi, per esempio) con un premio zuccherino. Dopodiché, li posizionano in un marchingegno ideato da un gruppo di ricercatori, capace di rilevare il loro comportamento. Questo strumento consente di tenerli al sicuro e di trasportarli ovunque, anche negli aeroporti di tutto il mondo, dove hanno trovato un impiego interessante: appena un individuo cerca di oltrepassare la frontiera carico di sostanze illegali, viene intercettato dall'insetto, che lo fa finire direttamente in galera!

Vampiri a sei zampe

Tra i parassitoidi, ce ne sono alcuni che si nutrono quasi esclusivamente di sangue. Si tratta di un liquido ricchissimo di sostanze nutritive, ma scomodo da procurarsi: i vertebrati, infatti, non sono felici di donarlo e costringono gli animali ematofagi a cercare sempre nuove strategie per aggirare le loro barriere difensive.

Prendiamo la zanzara, il più famoso insetto che dedica la vita a succhiare il sangue altrui. Il suo apparato boccale è formato da alcuni stiletti che, uniti, formano due piccoli canali: uno per iniettare la saliva, l'altro per aspirare il sangue. La saliva contiene sia un anestetico sia un anticoagulante – per prelevare il sangue in tutta tranquillità senza che l'animale se ne accorga – ma contiene anche delle sostanze che provocano una reazione allergica – responsabile dei noti gonfiori e pruriti che tutti abbiamo provato almeno una volta nella vita.

Come tutti i parassitoidi, le zanzare sono dotate di un olfatto ultrasensibile, grazie al quale riescono a percepire sia l'odore dell'animale sia l'anidride carbonica che emette. Ora, tutti abbiamo delle preferenze in fatto di odori, e queste creature dal naso portentoso non fanno eccezione: secondo uno studio condotto da alcuni ricercatori, il "profumo" più attraente per la zanzara è... l'odore dei piedi umani. Quindi, se vi siete mai chiesti il perché delle numerose punture che vi siete ritrovati tra alluci e talloni, avete finalmente la risposta: le zanzare sono delle feticiste, e ai vostri piedi non sanno resistere! Inoltre, siete delle vittime perfette: il vostro sangue è particolarmente ricco di sostanze nutrienti e, per di più, non avete la pelliccia, per cui questi vampiri a sei zampe non trovano alcun ostacolo quando vi si posano addosso.

Ma c'è di più: dato che le zanzare, prima di prelevare il sangue, iniettano sostanze all'interno dei corpi delle vittime, alcuni organismi viventi hanno deciso di usarle come mezzi di trasporto. Sono dei parassiti che si nutrono del sangue, ma sono talmente piccoli che possono vivere direttamente all'interno del malcapitato di turno. Come ci finiscono? Proprio grazie alle zanzare.

Ovviamente c'è zanzara e zanzara: le *Culex* sono meno indicate delle *Anopheles* per veicolare parassiti, dal momento che quando sono a riposo il loro corpo non si inclina, quindi non fornisce alcuna scaletta per agevolare la discesa. In generale, però, pur con le debite distinzioni, le zanzare possono diffondere tantissime malattie; la più terribile, quella che ancora oggi miete un gran numero di vittime tra esseri umani e animali, è la malaria.

La malaria non è una malattia da poco: essa rappresenta la più importante parassitosi del mondo, la seconda malattia infettiva per mobilità e mortalità dopo la tubercolosi, con 500 milioni di nuovi casi clinici (di cui il 90% in Africa tropicale) e 1 milione di morti all'anno. Un vero e proprio flagello, per di più antichissimo: le prime testimonianze verificate le troviamo nel 2700 a.C., mentre la prima descrizione del quadro clinico della malaria risale a Ippocrate, che ne descrive la tipica febbre intermittente. In Italia, la sua diffusione è stata ostacolata dall'abilità degli antichi Romani nel curare i campi agricoli e bonificare le zone paludose, ma con la caduta dell'impero, intorno al V secolo d.C., il controllo delle vie di comunicazione e delle campagne venne meno, e i focolai fecero la loro comparsa definitiva. Fino al 1945, in Italia di malaria si moriva eccome, soprattutto in Sardegna, nella zona dell'Agro Pontino, in Maremma e lungo la foce dei fiumi – in particolare del Po. Solo le bonifiche e l'uso promiscuo di insetticidi hanno consentito di eliminare gran parte delle zanzare *Anopheles* dal nostro ecosistema.

La camera degli orrori

Per noi umani, le zanzare sono vecchie conoscenze, dal momento che la loro ronzante presenza ci riguarda da vicino. Ma ci sono anche insetti che non seminano il terrore tra gli uomini, ma sono temutissimi da bruchi, cavallette e ragni: si tratta di vespe parassite, dall'aspetto aggraziato (hanno zampe molto lunghe e un vitino particolarmente sottile) ma dalle abitudini crudeli.

Le femmine di queste vespe preparano un nido che può avere diverse forme (un foro nel terreno oppure una sorta di otre costruito con fango, da appendere in luoghi riparati) e che non serve come casa, bensì come cella in cui rinchiudere le prede che catturano – una sorta di camera degli orrori, in cui a condurre il gioco sarà un killer tanto piccolo quanto spietato.

Il metodo di caccia è sempre lo stesso, collaudatissimo: quando catturano un artropode, gli iniettano un veleno che non uccide la vittima, ma la paralizza. Il corpo dello sventurato viene poi trascinato nel nido, che continua a riempirsi di prede fino a quando la femmina non decide di avere provviste a sufficienza. A quel punto, depone un uovo e richiude dall'esterno l'entrata del nido con del fango. Compiuto il proprio dovere di madre e di predatrice, se ne va a morire da sola nel prato.

Nel frattempo, nel nido, dall'uovo fuoriesce una nuova vita sotto forma di larva. Per le prede catturate inizia un vero e proprio incubo, degno dei peggiori film dell'orrore: la vespa neonata comincia a sbocconcellarle dalle estremità, risalendo lentamente, un boccone dopo l'altro, verso i centri vitali. Il povero ragno (o bruco, o cavalletta) soffre le pene dell'inferno senza alcuna possibilità di muoversi, mentre la larvetta lo riduce a una sorta di moncherino. Solo alla fine, quando non troverà più nulla da mangiare, darà il colpo di grazia al malcapitato aracnide.

Nella tela del ragno

I ragni saranno anche vittime innocenti, quando finiscono tra le grinfie delle vespe parassite, ma sono anche, a loro volta, dei predatori formidabili. Addirittura, secondo alcuni scienziati, sono i più grandi consumatori di carne di tutto il cerchio della vita!

La densità di popolazione dei ragni si aggira intorno ai 130 per metro quadrato. Se calcoliamo che ogni ragno consuma circa 0,1 grammi di prede al giorno e moltiplichiamo questo dato per tutta la popolazione di aracnidi in un ettaro, si ottiene che essi consumano ogni anno 47.500 chili di carne. Un quantitativo che fa impallidire i leoni e gli altri grandi carnivori del cerchio della vita!

A distinguere i ragni dagli altri predatori è un eccellente strumento di morte, che loro sanno usare con grande maestria. Da delle ghiandole speciali, chiamate "della seta" o "filiere", essi producono una sostanza vischiosa, che si solidifica a contatto con l'aria; poi, utilizzando dei pettini posizionati sulle zampe, questa seta viene lavorata con sorprendente abilità.

I manufatti dei ragni sono i più vari: il più conosciuto è la classica ragnatela a raggiera, facile da scorgere tra i rami di un albero e costruita in modo che i fili sottili risultino invisibili all'occhio delle mosche e delle falene. In questo modo, le poverette si trovano improvvisamente invischiate nella trappola mortale mentre volteggiano tranquille nell'aria. Il ragno riserva loro una sorte tristemente simile a quella che riceve dalla vespa parassita: le povere vittime si dibattono alla ricerca della libertà e lui, avvicinandosi, inietta nel loro corpo un veleno paralizzante, le avvolge nella seta e le trasporta ai bordi della sua ragnatela. Solo a quel punto, con tutta la calma del mondo, le divora senza pietà.

I tipi di ragnatela sono tanti quasi quante sono le specie di ragni, e le diverse forme sono un po' l'equivalente di uno stemma di famiglia. I rappresentanti della *Hexathelidae*, per esempio, costruiscono dei grandi lenzuoli di seta e li appoggiano orizzontalmente sulla vegetazione. Nel centro di questo grande telo, praticano un foro – il risultato finale è simile a un imbuto – all'interno del quale attendono le loro prede. Non le vedono, ma le sentono arrivare: quando una mosca o un altro insetto si avventura ingenuamente sul morbido tappeto, il ragno avverte una vibrazione e si precipita fuori per morderlo e trasportarlo nell'imbuto. Il ragno *Bolas* americano non tesse la tela, ma usa la seta in un altro modo. La sua strategia consiste nell'attirare le prede – principalmente falene – diffondendo nell'aria un feromone sessuale femminile. In pratica, finge di essere una femmina di falena. Figuriamoci i maschi! Immediatamente si avvicinano alla fonte dell'odore, dove ad attenderli, al posto dell'amore, trovano la morte sotto forma di un filo di seta dall'estremità appiccicosa. Il ragno, provetto pescatore, sa usare con destrezza questo filo di seta, che lancia in direzione della vittima per catturarla!

La seta è un materiale straordinario: è più resistente dell'acciaio e, al contempo, più leggero. Un simile dono della natura non può essere usato solo come strumento di morte. E i ragni, infatti, la tessono anche per assicurare il futuro dei loro figli: le uova del ragno vengono ricoperte con la seta per proteggerle dai potenziali predatori e dalle condizioni ambientali avverse. I ragni della famiglia dei Pisauridi fanno di più: costruiscono una stanza di seta, che accoglie prima le uova e poi i piccoli, che nascono in questo sicuro asilo e ci rimangono per qualche giorno, cullati dallo sguardo attento della madre. Poi, arriva il momento di vedersela da soli: nella maggior parte degli aracnidi (e degli insetti in generale), il "cucciolo" deve badare a se stesso fin dall'inizio della sua vita. Grazie alla seta e al cielo, i microscopici ragnetti se la cavano benissimo anche in assenza della madre: una volta fuori dal nido, infatti, essi emettono un pezzetto di seta che slanciano in alto verso il sole. Il vento accoglie questo filamento, lo preleva e lo trasporta in volo, insieme al suo tessitore. È proprio così, con questo velivolo improvvisato, che i giovani ragni colonizzano nuovi territori.

Quando si tratta di caccia, normalmente questi insetti sono individualisti. Alcuni però sanno collaborare, non solo all'interno della medesima specie, ma anche tra "famiglie" diverse. In Texas è stata scoperta una ragnatela larga 180 metri, prodotta da una colonia di ragni appartenenti a dieci specie differenti: ogni ragno ha donato alla comunità la propria capacità di tessere la tela e poi, insieme, hanno costruito qualcosa che il singolo non avrebbe potuto, nemmeno lontanamente, pensare di fare.

Tarantella

Il veleno è un'altra arma a disposizione del ragno, un'arma che gli permette di uccidere velocemente i piccoli insetti ma anche di procurare notevoli danni agli animali più grandi. Certe volte, il veleno del ragno può avere addirittura degli effetti positivi.

Nel Sud Italia, in particolare nella splendida Puglia, esiste un ballo popolare chiamato "tarantella"; i ballerini che si cimentano in questa danza si muovono forsennatamente al ritmo incessante di tamburelli e nacchere.

La storia di questo ballo è antica e il suo inizio si perde nelle assolate, bollenti estati del Mediterraneo, tra gli agricoltori che raccoglievano il grano. Con la falce recidevano le spighe e se le tenevano sotto l'ascella, per poi caricarle su un carretto e portarle nell'aia per la trebbiatura.

Talvolta, insieme al grano, raccoglievano anche qualcos'altro: un ragno dal morso indolore, ma molto velenoso. Si tratta del piccolo *Latrodectus tredecimguttatus*, detto "malmignatta" o "vedova nera", il cui morso provoca convulsioni addominali, spasmi e vomito.

Il contadino punto dal ragno si contorceva eseguendo dei movimenti simili a quelli di una danza scatenata. Quando i compagni tornavano tra i campi in cerca di un colpevole, trovavano subito un sospettato perfetto: un ragno molto più grande della vedova nera, il cui morso è piuttosto doloroso ma praticamente innocuo. Rea di trovarsi sul luogo del delitto e di essere particolarmente visibile, la tarantola veniva condannata senza possibilità di appello.

Da questa ingiustizia è nata una tradizione: il ballo che fa scatenare la Puglia, al quale è dedicata perfino una notte di festa alla fine dell'estate, prende il nome da un clamoroso errore di identità.

Creature del cielo

In un tempo ormai lontano, il cielo era un immenso deserto azzurro privo di vita: non esisteva ancora un essere vivente capace di sfidarne la vastità, e i raggi di sole, per incontrare la vita, dovevano aspettare di toccare terra.

Fino a quando, circa 300 milioni di anni fa, un organismo animale non ha spiccato il volo ed è riuscito, per la prima volta nella storia della vita, a guardare il mondo dall'alto. E lo ha fatto per un motivo ben preciso: non per godersi il panorama, e nemmeno per cercare di raggiungere le nuvole, ma, molto più prosaicamente, per piombare sulle sue prede e catturarle.

Questo pioniere del volo non si è ancora stancato di tagliare l'aria con delle rapide picchiate, e, anzi, nel corso del tempo è diventato un vero e proprio virtuoso, capace di planare in avanti, schizzare all'indietro, fermarsi a mezz'aria, viaggiare capovolto e raggiungere la ragguardevole velocità di 50 chilometri orari. Stiamo parlando di un insetto, un prodigioso predatore i cui colori e movimenti sono diventati per noi esseri umani un simbolo di grazia universale: la libellula.

Questo animale è da sempre a metà strada tra l'innovazione (il cielo) e la tradizione (l'acqua, origine della vita sul nostro pianeta). Se l'adulto si aggira volteggiando nel cielo, le libellule giovani si trovano più a loro agio nei ruscelli o nei piccoli stagni.

Tutto inizia, come spesso accade, con una femmina carica di uova, in cerca di un luogo dove deporle. Per alcune specie, il compito risulta piuttosto facile: basta disperderle direttamente nell'acqua; per altre invece l'operazione è leggermente più complessa, in quanto le uova devono essere protette da una pianta acquatica. Tutte però, passato qualche giorno dalla deposizione, si schiudono liberando delle forme giovanili, che passano la loro vita terrena serenamente a mollo.

È cosa nota che la natura è maestra di compensazione: se le libellule sono ottime pilote, in grado di prodursi in acrobazie di ogni genere, quando si tratta di nuotare sono un vero disastro. Non hanno pinne da agitare, e anziché usare le zampe preferiscono affidarsi a un sistema originale, ma non particolarmente efficace: ingurgitano acqua dalla bocca e la fanno uscire, rapidissimamente, dalla parte opposta, spingendosi in avanti con un movimento a stantuffo. Superfluo dire che non riescono mai a coprire grandi distanze... Come fanno, quindi, a procurarsi il cibo? Solitamente, si appostano vicino a un masso e sperano che qualche preda passi da quelle parti. Appena una larva di insetto, un piccolo girino, oppure un pesce minuscolo si presenta, le libellule si avvicinano e spalancano la bocca, che assomiglia a una molla e funziona come una pinza mortale. Questo apparato boccale prende il nome di "maschera" perché la libellula lo mostra soltanto per mangiare: quando è a riposo, lo ripiega sotto il capo, mascherandolo leggermente.

Presto o tardi, le immensità del cielo richiamano questa creatura dell'aria. È evidente che le sue potenzialità in acqua non trovano modo di esprimersi del tutto, per cui, quando si sente abbastanza sicura, la giovane libellula si avventura fuori dall'acqua, si arrampica sul primo stelo che trova e compie l'ultima muta, che la trasformerà in un adulto provvisto di quattro magnifiche ali. Finalmente può conquistare il suo elemento naturale e volteggiare elegantemente nel cielo.

Se in acqua questi insetti riescono a percorrere solo la distanza consentita dall'aria nella loro pancia, in volo possono invece coprire lunghissimi tragitti (la libellula *Pantala flavescens*, per esempio, fa la spola tra l'Australia e l'India inseguendo la stagione delle piogge, un viaggio di 11.000 chilometri degno di un volo di linea).

Da vere creature del cielo, in aria le libellule svolgono tutte le loro funzioni vitali – tra cui la caccia. Sembrerebbe uno svantaggio, invece la loro capacità predatoria è a dir poco eccezionale e supera, in efficacia, quella dei grandi predatori terrestri. Un leone o un felino della savana ha un'efficienza di caccia pari al 30%, mentre la libellula sfiora il 90%. Questo sorprendente risultato è dovuto al suo volo virtuoso, ma anche alla capacità di intercettare con un margine di errore minimo la posizione della vittima.

Ma non si vive di sole mosche (la preda principale delle libellule), e la fame non è certo l'unico bisogno che le libellule soddisfano volando: anche l'amore, per questi insetti, si consuma nelle immensità celesti. L'accoppiamento di questi esseri volanti avviene, infatti, principalmente quando sono in volo. Il maschio, appena scorge una femmina, la insegue, e talvolta esegue una sorta di parata nuziale: si tratta, in pratica, di voli circolari che hanno il chiaro scopo di farsi notare. Finita la danza volante, finisce anche il romanticismo: il maschio afferra la femmina tra il capo e l'addome con dei cerci, una sorta di tenaglia posizionata all'estremità del corpo. Si passa quindi all'accoppiamento vero e proprio: la femmina piega l'addome e pone la parte terminale a contatto con l'organo sessuale maschile, il quale è posizionato negli ultimi segmenti dell'addome. Finito l'amplesso, il maschio non abbandona la compagna ma la tiene attanagliata con le sue pinze fino al momento della deposizione delle uova, cosa che avviene sull'erba palustre oppure direttamente sull'acqua o ancora sul terreno impregnato di acqua. Il suo comportamento è giustificato dalla scarsa fiducia riposta nella femmina. Può capitare, infatti, che la sua compagna, finito l'amplesso, si faccia tentare da un altro maschio. Quest'ultimo, prima dell'accoppiamento, elimina gli spermatozoi del primo amante per essere certo della paternità della progenie.

Tutto questo è facile da osservare: è sufficiente porsi in riva a un laghetto e guardare le libellule mentre volteggiano unite in un abbraccio d'amore, così come è facile rimanere incantati di fronte alla natura e al suo ciclo eterno.

5

L'ultima tappa

Vegetali, erbivori, predatori sono uniti insieme per far circolare i raggi di sole all'interno del cerchio della vita. Se anche uno solo di questi fattori viene a mancare, allora il cerchio si spezza e il sistema va in pezzi.

Ormai il nostro viaggio sta per giungere al termine, manca solo una tappa per chiudere il cerchio e incontrare l'ultimo anello di questa catena, in cui vita e morte, problemi e soluzioni, equilibrio e caos si rincorrono, intrecciano e mescolano continuamente. È bene metterlo in chiaro: non sarà una tappa piacevole. L'ultimo pezzo del cerchio della vita è lugubre, scuro, pauroso e con un pessimo odore. Qui lo zucchero dolcissimo ha perso il suo sapore, i raggi di sole si nascondono (tutti tranne il nostro, naturalmente, che fa un'eccezione per noi soltanto), i rami, anziché protendersi verso il cielo, hanno lo sguardo rivolto a terra. Siamo arrivati nel regno dei degradatori.

Messaggeri della fine

Tutte le cose prima o poi finiscono: fa parte del cerchio della vita. I degradatori sono messaggeri di questa fine: sono quelli che arrivano quando tutti hanno ormai lasciato la festa e, dopo aver sbocconcellato gli avanzi, rimettono a posto ogni cosa e si richiudono la porta alle spalle.

Il loro momento giunge insieme al disfacimento del mondo intorno – quando le foglie, che un tempo si allungavano in su per catturare i raggi, si svuotano di linfa e assumono i colori caldi dell'autunno: allora cadono al suolo, pronte per essere degradate. Lo stesso vale per gli animali, tutti, sia erbivori sia carnivori: dopo una vita passata a sfamarsi, accoppiarsi e rincorrersi, sono arrivati al confine ultimo, lo hanno attraversato e ora giacciono sulla terra nuda e fredda, colma di scarti risalenti al tempo in cui erano vivi.

È in questo scenario desolante che entrano in scena i degradatori. Senza di loro, il cerchio non funzionerebbe, perché mancherebbe un passaggio fondamentale: quello che trasforma la morte in nuova vita, la fine in un nuovo inizio. Non è esatto dire che i raggi di sole in questa fase non ci siano più; ci sono, certo, ma sono nascosti, incapsulati in tutti questi corpi che se ne sono nutriti avidamente. Lo scopo di questi "guardiani della soglia" (funghi, batteri, coleotteri eccetera) è quello di cercarli e liberarli, rimettendo in circolo la loro energia.

La loro importanza è tale che uno di essi (il primo che incontriamo in questo cupo luogo) è stato a lungo considerato alla stregua di un dio in Terra. Secondo gli antichi Egizi, il suo lavoro era quello di trasportare la palla infuocata del sole da una parte all'altra del cielo. Kepri, questo il nome che gli avevano affibbiato, era il responsabile dell'alba e del tramonto – un compito fondamentale, perché senza di esso non ci sarebbe stata vita, non ci sarebbe stato futuro. Sotto lo sguardo di Kepri il sole nasceva e moriva, e così facevano le creature terrestri: il suo piccolo corpo era simbolo della connessione tra il mondo dei morti e quello dei viventi.

Ora, penserete: cos'avrà mai fatto questo animale per meritarsi una tale considerazione? È molto semplice: processa le montagne di escrementi che gli organismi, in particolare gli erbivori, producono ogni giorno. Il dio Kepri non è altro che un coleottero stercorario, cioè, come dice il suo nome, un insetto che si nutre esclusivamente di sterco. Perfino l'acqua proveniente dalle pozze e dalle fonti non gli aggrada, egli preferisce dissetarsi direttamente dagli escrementi che divora.

L'attività principale degli stercorari consiste nell'aggirarsi per i prati in cerca di cacca. Quando ne trovano una bella grossa, ne prelevano un pezzetto. Con le loro zampette, lo lavorano fino a fargli assumere la forma di una pallina, che fanno rotolare lontano, finché non trovano un luogo adatto per interrarla. Prima, però, la farciscono con un uovo: custodita all'interno della sfera, la loro futura prole viene consegnata alle cure della terra.

Con il passare del tempo, lì sotto, una piccola larva esce dal guscio, mangia (servendosi dalle provviste lasciate dalla mamma) e diventa grande. Talmente grande che a un certo punto si trasforma in un adulto. Si scava allora una via verso l'esterno e inizia a fare quello che da milioni di anni fanno i suoi avi: sfamarsi con gli escrementi dei grandi mammiferi.

Questo è il motivo per cui gli antichi Egizi consideravano gli scarabei stercorari degli animali sacri: erano capaci di sorgere dal mondo dei morti (sotterraneo) per poi restare in quello dei vivi (la superficie). Cosa c'entrano l'alba e il tramonto con tutto ciò? Osservando questi insetti alle prese con la loro pallina di sterco, era scattata l'associazione con un'altra sfera: quella infuocata del sole. Ecco perché questo insetto si trova a suo agio sia nelle stalle sia sulle stelle, ed ecco perché, nonostante la sua poco elegante occupazione, lo stercorario è diventato il dio Kepri, una delle divinità più importanti dell'antica religione egizia.

La dura vita dello stercorario

Che siano abitanti di mondi spirituali oppure vivano qui sulla Terra, tutti gli organismi hanno dei problemi e lo stercorario ne deve affrontare parecchi. Quando nel prato il livello di sterco aumenta, per esempio, la competizione alimentare diventa agguerritissima: i poveri insetti devono fare letteralmente a botte per accaparrarsi un pezzetto di cacca.

Questa lotta per il cibo assume proporzioni diverse a seconda del luogo in cui avviene: in Europa il dispensatore di sterco più comune è la mucca, i cui escrementi hanno un peso medio di circa 25 chili; una cosa simile si verifica nel Nord Africa con la cacca di cammello, il cui peso è pressappoco lo stesso. Nell'Africa nera, invece, la guerra si fa più intensa: a fornire il cibo sono nientemeno che gli elefanti, che producono circa 50 chili di sterco al giorno! Nella savana, sotto il cielo tempestato di stelle, le lotte intestine e i furti di palline di cacca rappresentano la norma; a vincere non sono necessariamente gli scarabei più grossi o più forti, ma quelli con maggiore senso dell'orientamento e dell'equilibrio: chi trasporta la propria pallina seguendo una linea retta, senza lambiccarsi il cervello per disegnare tragitti tortuosi, evita di disperdere energia e di farsi rubare il bottino. Una strada a zig-zag è, infatti, più lunga e il viaggio dura di più: ecco perché le probabilità di furto aumentano ed ecco perché lo stercorario deve scovare una via breve per mettere al sicuro il suo tesoro.

E qui arriva un problema: come disegnare una linea retta in mezzo alla savana? Non sapendo come rispondere a questa domanda, gli stercorari si rivolgono al cielo – che, incredibilmente, risponde: una stella ha fatto partire il cerchio della vita, e una moltitudine di astri guida quotidianamente un'intera legione di stercorari verso la sua chiusura. In mezzo alla volta celeste, infatti, si trova una gigantesca striscia luminosa, dritta come un fuso, che prende il nome di Via Lattea. Ai coleotteri basta seguire questa strada stellata per raggiungere la salvezza.

Tutt'altra storia sono le strade terrestri, quelle lastricate con il cemento, che tagliano e attraversano tutto il continente: le automobili le percorrono in lungo e in largo, ma anche molti erbivori, che sentono il bisogno di allontanarsi dal luogo di nascita per trovare nuove e fresche risorse, non disdegnano il progresso e se ne lasciano tentare. Gli elefanti, per esempio, non hanno dubbi: le strade di cemento sono semplici da seguire, non hanno buche e portano velocemente alla meta. Non conoscendo né i segnali stradali né le norme, però, non solo non si fermano con il rosso, ma soprattutto non frenano l'intestino quando la natura chiama. Così chili e chili di escrementi si posano sul cemento bollente, mostrando il percorso della carovana di elefanti... Un problema per gli uomini, ma una risorsa per gli stercorari, che accorrono a migliaia per accaparrarsi il loro cibo preferito.

Qui, per molti di loro, termina il viaggio (quello sulla Terra, quantomeno): non curandosi dello sterco e dei suoi abitanti, le auto sfrecciano a tutta velocità. Sono milioni i poveri coleotteri a finire spiaccicati sulle strade africane, e questo dramma non accenna a diminuire, con gravi disagi per tutti: la popolazione degli stercorari sta diminuendo e, conseguentemente, aumentano gli escrementi lasciati a sciogliersi e marcire anche durante la stagione delle piogge – oltre a quelli degli elefanti, ci sono quelli dei rinoceronti, delle mandrie di bufali e di tutti gli altri erbivori che popolano il continente.

C'è da dire che la vita dello stercorario, passato ormai da parecchio il tempo degli antichi Egizi, è dura un po' dappertutto: c'è chi rischia la vita nella savana, ma anche chi deve cercare di sopravvivere in condizioni davvero estreme, come lo scarabeo dell'Himalaya.

Questo coleottero è lo stercorario più grande esistente, un dato che desta particolare perplessità negli entomologi di tutto il mondo: normalmente, più grande è lo sterco e maggiore è la stazza. Per esempio, in Europa gli scarabei sono piuttosto grandi, per processare la cacca delle mucche; sono ancora più voluminosi, ovviamente, quelli che percorrono le savane africane; in Australia invece sono piccoli, perché sono abituati a nutrirsi delle microscopiche cacche dei marsupiali. Tra le valli e i picchi dell'Himalaya non si aggira neppure un animale erbivoro di grandi dimensioni, eppure lo stercorario che abita su quei monti impervi è dotato di una stazza davvero invidiabile.

Cosa ci fa un insetto gigantesco in mezzo ai miseri escrementi della capra selvatica o del panda rosso? La risposta si trova nel passato: questi enormi coleotteri sono apparsi sulla Terra milioni di anni fa, quando le cime dell'Himalaya erano abitate non dalle capre ma...

dai mammut! I pachidermi preistorici si aggiravano per i monti, divoravano la vegetazione e disseminavano il terreno di cacche monumentali. Per lo stercorario himalayano quella fu un'epoca d'oro: viveva da re, avendo a disposizione risorse illimitate. Adesso, dopo la scomparsa del suo elefante peloso preferito, il povero coleottero è costretto a vivere di stenti e ad accontentarsi di quel poco che gli regalano i piccoli mammiferi che riescono a resistere al clima spietato della catena montuosa più alta del mondo.

Dal letame nascono i fiori

Come abbiamo visto, l'ultima parte del cerchio della vita non è affatto luminosa, anzi, è spesso tetra, repulsiva e, soprattutto, poco profumata. Eppure, è fondamentale per tutti gli organismi che vivono sotto il sole e che abitano ai piani alti del nostro cerchio... Esattamente come la cacca: per quanto sia disgustosa, repellente, nauseabonda, se non ci fosse lei non ci sarebbe la vita – non solo quella degli stercorari, ma quella di tutti noi. Se non ne siete del tutto convinti, ecco una storia che vi farà da esempio.

Nell'Africa centrale e meridionale vive, immerso nei corsi d'acqua, un animale dalla possente stazza: l'ippopotamo. In un tempo lontano, questo grande mammifero si tuffava anche nei fiumi dell'Asia e dell'Europa (il suo imponente corpo si poteva scorgere anche in luoghi oggi impensabili, come il centro dell'attuale Londra). Anche la valle del Nilo accoglieva i "cavalli di fiume", venerati dagli antichi Egizi come simboli di fecondità in virtù del loro aspetto tondeggiante e massiccio. Un repentino cambiamento climatico, unito, probabilmente, a una caccia spietata da parte dell'uomo, ha fatto estinguere l'ippopotamo in gran parte del mondo, relegando la sua presenza in un'area del continente africano.

Ma, anche qui, in questo spazio relativamente piccolo, i problemi sono riusciti a raggiungerlo. Il fatto è che gli uomini che abitano in quei territori apprezzano molto sia la carne sia i denti dell'ippopotamo, con i quali costruiscono diversi manufatti, e così una caccia spietata si consuma da anni sotto i cieli e nelle acque dell'Africa. Ma, attenzione, la vera vittima non è l'ippopotamo!

Fino agli anni Settanta, la decimazione degli ippopotami non aveva destato particolari problemi, eccetto una drastica riduzione della loro carne nelle ricette locali. Sembra una questione da poco, un piccolo cambio di dieta... ma in natura basta un battito di ciglia per sconvolgere un ecosistema intero. Non c'è carne? Nessun problema, in teoria: si può tranquillamente passare al pesce – cosa che fecero gli africani, andando a pescare proprio nei corsi d'acqua dove un tempo si immergeva l'ippopotamo.

Dopo qualche anno, dalle rive dei fiumi iniziarono a scomparire le piante acquatiche e gli argini, non più tenuti insieme dalla fitta rete delle loro radici, scesero verso i fiumi dileguandosi in un ribollio terroso. Private degli argini, durante la stagione delle piogge le acque turbolente tracimavano dal letto dei fiumi e si espandevano nelle campagne limitrofe. Come se non bastasse, i pesci cominciarono a diminuire, fino, in qualche caso, a scomparire del tutto.

Come si spiega una simile catastrofe? Torniamo al punto di partenza, l'ippopotamo. Egli fa parte della grande schiera degli erbivori e si procura il suo cibo sia brucandolo mentre se ne sta a mollo nell'acqua sia addentrandosi nella savana di notte, per consumare qualche arbusto o erba di pianura. La dieta ricca di fibre provoca una discreta produzione di escrementi – circa 30 chili al giorno. Quando l'intestino inizia a farsi sentire, l'ippopotamo sale sull'argine del fiume e, mentre si libera, agita forsennatamente la coda, frantumando la materia fecale, che viene distribuita a pioggia sulla riva e fornisce un aiuto essenziale alle piante grazie alla discreta quantità di azoto che contiene. Può capitare, talvolta, che lo stimolo intestinale venga soddisfatto direttamente nell'acqua: lunghi filamenti marroni iniziano allora a muoversi tra le acque calme del fiume. Se per alcuni è una visione di pessimo gusto, per altri è pura poesia: i pesci, per esempio, trovano gli escrementi un alimento molto ricco e completo, e alcuni di essi ne vanno talmente ghiotti che passano la vita nuotando nei pressi dei branchi di ippopotami, sperando che arrivi un po' di manna dal cielo.

Ecco allora il punto. Un minor numero di ippopotami si traduce immediatamente in una drastica diminuzione di escrementi e, quindi, di minerali necessari alla vita delle piante. La diretta conseguenza è che gli argini, da verdi, diventano color terra, le radici si indeboliscono e le acque sono libere di esondare. Allo stesso tempo, anche i pesci, privati del loro sostentamento, scompaiono lentamente dal fiume e dalle reti dei pescatori.

Basta che un solo tratto del cerchio venga spezzato perché l'intero meccanismo si inceppi definitivamente, impedendo alla vita e alla natura di fare il loro corso.

Brutti, sporchi e cattivi

C'è un luogo sulla Terra, apparso per la verità solo recentemente, in cui il normale viaggio della vita viene interrotto proprio nella sua parte finale. Sono le enormi città degli esseri umani, all'interno delle quali la natura deve farsi da parte per sottostare ad altre leggi. A far compagnia all'*Homo sapiens sapiens*, per esempio, ci sono esclusivamente gli organismi che lui ritiene amichevoli o desiderabili; tutti gli altri vengono banditi, eliminati, esclusi senza pietà.

La natura però la sa lunga, ed è davvero difficile da imbrigliare: sempre trova la strada per imporre le proprie regole, e questo succede anche nelle nostre città.

Il punto debole dei nostri conglomerati urbani si trova proprio nel tratto che stiamo esplorando: la parte finale del cerchio della vita. Ogni giorno, gli uomini producono masse gigantesche di rifiuti organici, il cui smaltimento diventa un problema sempre più difficile da risolvere, anche perché gli animali degradatori sono tra i primi nella lista nera delle presenze indesiderate – a differenza di altri più gradevoli ma meno utili, come per esempio i pesci rossi.

Gli esseri umani non li vogliono, ma le sostanze in putrefazione li attirano: ecco allora che una vera e propria legione di degradatori varca il confine tra natura e città e fa la sua comparsa nelle fogne, nei bidoni della spazzatura e in tutti i luoghi dove abbondano le masse putrescenti. Questo popolo delle tenebre, fatto di individui poco raccomandabili, "brutti, sporchi e cattivi", ha un nome: gli animali che riescono a fare breccia ed entrare clandestinamente nel mondo degli umani si chiamano "sinantropici".

Uno di essi, milioni di anni fa, non viveva nelle fogne, ma all'ombra di alberi giganteschi. È un animale piccolo, piuttosto tozzo, provvisto di una dura corazza, abituato a gironzolare in mezzo al terriccio umido delle foreste ancestrali. Quando, giù nelle valli, gli uomini hanno cominciato a costruire i primi villaggi, questo animale ha abbandonato i boschi e si è insediato nelle case e nelle cantine. I villaggi sono diventati paesi, poi città e, infine, gigantesche metropoli. Al crescere degli insediamenti umani, cresceva anche la massa di rifiuti da loro prodotta, e gli spostamenti da un continente all'altro hanno fatto il resto, permettendo a questi improbabili clandestini di viaggiare e proliferare un po' ovunque. Ora è facile scorgerli mentre sfrecciano negli scantinati umidi, in mezzo a scatoloni, vecchie biciclette e materiale accatastato: stiamo parlando delle blatte, animali degradatori abituati a consumare pezzetti di legno marcio, foglie morte trasportate dal vento, resti di animali e altre sostanze in decomposizione.

Nelle cantine e nelle fogne, essi hanno trovato delle condizioni di umidità e di ombra molto simili al loro habitat naturale, ma con tanti vantaggi in più: mentre nelle foreste l'inverno fa la sua comparsa e ricopre tutto di un gelido manto bianco, in cantina la temperatura rimane piuttosto costante, e le prelibatezze gastronomiche (cioè le sostanze puzzolenti e putrefatte) non mancano di certo.

In quanto "brutta, sporca e cattiva", la blatta non ha perso le sue rozze abitudini con il trasferimento dalla campagna alla città: il bon ton a tavola non è certo il suo forte, e anzi, oltre a nutrirsi di cose che la maggior parte degli animali trova disgustose, ha anche un piccolo, riprovevole vezzo al quale non riesce a rinunciare. Quando incontra una briciola ammuffita, un pezzo di carne putrefatto o del formaggio rancido, ci vomita sopra. Il suo rigurgito è tutt'altro che un segno di insoddisfazione: essendo ricco di enzimi, esso ha il compito di predigerire il pasto. Ma non è finita qui: prima di mangiare, blatte e scarafaggi si apprestano a difendere il territorio di loro competenza, per evitare che dei rivali giungano a togliergli il cibo di bocca. E lo fanno seguendo il loro stile non proprio raffinatissimo – cioè, defecando copiosamente e cospargendo il perimetro di cacca.

Al termine di questo rito, si preparano alla grande abbuffata e si avventano sul cibo, reso ancora più puzzolente dalla spruzzata preventiva di vomito.

Ma attenzione, anche questi animali sanno essere esigenti in fatto di gusti. La *Blattella germanica*, un insetto che, a dispetto del suo nome, è originario del continente africano, si è trasferita in Europa attirata da un cibo particolarmente prelibato: le sue papille esigenti impazziscono letteralmente per la polvere di caffè, soprattutto se umida e usata. Non è un caso che queste bestioline infestino i bar, in particolare le basi delle macchine per l'espresso, dove trovano la loro amata polvere (e un calore tale da curare il mal d'Africa che le affligge). Non è neppure un caso, quindi, che la loro patria d'elezione sia anche la patria del caffè, cioè l'Italia.

Se state già elencando mentalmente i mille modi che avete a disposizione per sbarazzarvi di eventuali ospiti sgraditi, è bene che sappiate che le blatte si distinguono per un'altra prodigiosa caratteristica: se gli si mozza la testa, continuano a vivere. A questi esseri speciali, la ghigliottina non fa né caldo né freddo: la loro testa è una appendice che, in fin dei conti, non è necessaria. Per circa un mese, gli scarafaggi decapitati possono continuare a sfrecciare sui muri ammuffiti e aggirarsi impunemente tra gli scatoloni e le cianfrusaglie accatastate nel seminterrato, prima di partire definitivamente per il paradiso degli insetti.

Ma c'è di più: alcuni entomologi americani hanno indagato la vita di questi insetti senza testa e hanno scoperto che non se la passano per nulla male. Non potendo mangiare, non perdono tempo tra i resti marcescenti del cibo, ma si fiondano senza indugi sull'altro sesso: eliminato un bisogno primario, prima di morire possono dedicare tutto il tempo che resta a godersi le gioie dell'accoppiamento.

La mosca del futuro

Le blatte non sono gli unici animali sinantropici che si nutrono dei rifiuti organici delle città. Nella foresta di cemento si aggirano anche numerose mosche, pronte a conquistare una fetta di sostanza organica in decomposizione. Mosca, in effetti, è un termine un po' troppo vago. Diciamo che gli insetti che normalmente si aggirano per le strade – oppure nei cimiteri, o in mezzo alle discariche – appartengono alla famiglia dei Muscidi o dei Calliforidi.

Le larve di questi insetti sono in grado di estrarre i residui dei raggi di sole dalle sostanze più impensate, come cadaveri, rifiuti organici ed escrementi, e la loro abilità è sorprendente: in pochi giorni sono capaci di processare chili e chili di queste sostanze.

La cosa può portare ad alcuni problemi: nell'ultima parte del cerchio della vita vivono infatti molti batteri e microrganismi che possono veicolare malattie. La mosca più diffusa, la cosiddetta "mosca domestica", da giovane larva vive nelle sostanze putride (il che la rende un efficientissimo trasmettitore di batteri e infezioni), mentre da adulta è solita frequentare le cucine di noi esseri umani, alla ricerca di sostanze zuccherine.

Per liberarsi delle mosche, ma anche della produzione eccessiva di rifiuti organici, gli esseri umani si sono rivolti a una mosca molto speciale, che potrebbe risolvere entrambi i problemi e, allo stesso tempo, aiutare gli ultimi raggi del sole a ritornare nello spazio siderale.

Questa mosca fenomenale si chiama "mosca soldato", ed è un insetto americano diffuso in tutto il mondo, utilizzato fin dagli inizi del Novecento per la lotta biologica alla mosca domestica. Il metodo è molto semplice e si basa sul fatto che le larve di entrambe le mosche si nutrono di sostanze in decomposizione: nelle stalle si libera (il termine tecnico è "lanciare") una grande quantità di uova di mosca soldato, da cui sgusceranno delle larve piuttosto aggressive, in grado di dare del filo da torcere a quelle della mosca domestica. Gli adulti di mosca soldato, invece, sono abbastanza pacifici, e soprattutto (qui sta il dato davvero eccezionale) non hanno bisogno di nutrirsi. Il vantaggio che ne deriva è enorme: dopo aver sterminato gli avversari, le mosche possono sfarfallare in giro senza arrecare alcun disturbo!

Il forte appetito delle larve della mosca soldato – capaci di procurarsi cibo a sufficienza per una vita intera – è talmente impressionante che si è pensato di allargarne l'utilizzo per far loro "digerire" i rifiuti organici cittadini. Nello Stato americano dell'Ohio è stato fatto un esperimento destinato a restare nella storia: a una legione di piccole mosche soldato sono state fornite ben 24.000 tonnellate di rifiuti organici. Ebbene, le voraci mandibole di questi insetti hanno processato la massa di sterco e putridume nel giro di poche ore. Dalla sperimentazione all'azione: sono ormai molte le città americane con delle squadre attive di mosche soldato, che quotidianamente chiudono il cerchio per gli esseri umani, riportando i raggi di sole a casa loro, nello spazio.

Gli entomologi statunitensi hanno scoperto anche che le larve, dopo aver tanto mangiato e prima di diventare grandi, passano da uno stadio intermedio in cui hanno l'aspetto di pupe belle cicciotte, ricoperte da uno spesso strato di grasso. Si è pensato quindi di sfruttare questo adipe, e per farlo è stata inventata una specie di megafrullatore capace di separare il "grano dal loglio", cioè di estrarre il grasso dalle pupe lasciando intatti gli altri tessuti. Si ottiene in questo modo un olio di mosca, che viene raffinato e trasformato in un prezioso biocarburante, da affiancare alle altre fonti di energia sostenibile.

In un prossimo futuro, dunque, gli esseri umani potrebbero spostarsi a bordo di automobili azionate da olio di mosca, trovando così l'anello mancante, la chiusura perfetta di quel cerchio della vita che da milioni di anni continua a girare – pieno di problemi, di soluzioni e, soprattutto, di meraviglia.

Il nostro viaggio è finito, dopo essere passato attraverso problemi e soluzioni di piante, erbivori e carnivori sono giunto alla fase finale in cui gli animali degradatori hanno fatto il loro dovere. Hanno smantellato la sostanza organica ormai morta e l'hanno ridotta a elementi minerali, gli stessi che compongono tutto l'infinito universo.

Le sostanze minerali vengono prelevate dalle piante, unite ai raggi di sole, trasformate in glucosio pronto a dare un'altra, ennesima spinta al cerchio della vita.

Come sarà il nuovo slancio in avanti? Non lo sappiamo, esso varia al variare dei raggi del sole: le storie della vita sono così tante che ogni raggio di sole ne racconta e ne illumina tantissime. Il nostro, una volta sceso, ha visto un sacco di insetti. Altri raggi di sole potrebbero incontrare dei mammiferi, oppure dei batteri, ma anche dei protozoi, insomma, tutti gli altri organismi che si dibattono al di sotto della biosfera.

E mentre sulla Terra tutti gli elementi materiali vengono processati e ritornano in vita, il nostro raggio ha esaurito il suo compito di fornire l'energia alla massa brulicante che abita la sottile biosfera. Ora è libero di tornare nell'universo ma, prima di perdersi nello spazio siderale, si volta per l'ultima volta verso il pianeta azzurro.

Da questa prospettiva non scorge né problemi né soluzioni, da lassù osserva solo un cerchio che ruota da tempo immemore trascinando con sé delle trame che si intrecciano sempre più e che si perdono in una profondità senza fondo. L'ultima parola che gli viene in mente, e che porterà con sé nel suo viaggio infinito è una e una soltanto: meraviglia.

Ringraziamenti

Grazie a Barbara perché è una persona meravigliosa, grazie a Gregorio perché è un luminoso raggio di sole, grazie agli amici del lunedì sera per la loro impagabile sincerità, grazie a mio padre che esiste ancora nel mio cuore e grazie a mia madre, ai miei fratelli e sorelle perché vivono anche nella mia quotidianità.

Grazie a Francesco, Vasco, Federico, Anastasia, Andrea, Paolo e agli amici di sempre, grazie agli ascoltatori di Radio Deejay perché mi riempiono di affetto e grazie a Fabio per la sua sincera generosità.

Grazie ad Arianna e Michele perché mi hanno sempre incoraggiato, grazie ai ragazzi del Pilastro perché ancora non sanno di essere degli splendenti raggi di sole e grazie ai miei studenti perché rendono il mio lavoro speciale.

Grazie alla mia bicicletta perché mi mostra sempre luoghi bellissimi, grazie a tutti gli organismi che, da milioni di anni, brulicano sulla Terra e ci regalano storie meravigliose e, soprattutto, grazie a voi lettori che avete reso concreto un sogno sepolto nel mio cuore.

SIAE DALLA PARTE DI CHI CREA
Aut. Z - 50 - 2018

Questo volume è stato stampato presso ELCOGRAF S.p.A.
nel mese di aprile 2018
Stabilimento – Cles (TN)
Stampato in Italia